智能网联汽车技术与应用

主　编　向　巍

副主编　韩　伟

参　编　李泓霖　林雪峰　涂振印　蒋永彪

　　　　张　明（企业）　叶智豪（企业）

主　审　张俊玲

北京理工大学出版社
BEIJING INSTITUTE OF TECHNOLOGY PRESS

内 容 简 介

为弥补同类教材内容老化、时代性不足等缺点，我们开发编写了《智能网联汽车技术与应用》理实一体化教材。本教材以"三对接、三融通"理念为基础，以学生为中心，结合大量智能网联汽车应用案例特别是自动驾驶技术，深入解析知识点，设计真实岗位任务情境。本教材采用"理实+证一体化"模式，配备在线实践项目、微课视频、电子课件、习题等丰富资源，实施案例教学和情境教学等行动导向教学方法，内容丰富、有趣，紧跟行业前沿技术。本教材系统介绍智能网联汽车结构与工作原理，涵盖智能网联汽车驾驶场景、环境感知技术、车辆定位系统、自动制动辅助系统、路径跟踪系统和自适应巡航控制系统，由浅入深，层层递进，符合职业院校学生的认知规律。

本教材可作为高职院校智能网联汽车技术专业教学用书，也可作为是智能网联汽车爱好者和企业培训的重要参考资料。

图书在版编目（CIP）数据

智能网联汽车技术与应用 / 向巍主编. -- 北京：
北京理工大学出版社，2025.1.
ISBN 978-7-5763-4754-8

Ⅰ. U463.67

中国国家版本馆 CIP 数据核字第 2025N1B615 号

责任编辑：王梦春	文案编辑：魏 笑
责任校对：刘亚男	责任印制：李志强

出版发行 / 北京理工大学出版社有限责任公司
社　　址 / 北京市丰台区四合庄路 6 号
邮　　编 / 100070
电　　话 / （010）68914026（教材售后服务热线）
　　　　　　（010）63726648（课件资源服务热线）
网　　址 / http://www.bitpress.com.cn

版 印 次 / 2025 年 1 月第 1 版第 1 次印刷
印　　刷 / 河北盛世彩捷印刷有限公司
开　　本 / 787 mm×1092 mm　1/16
印　　张 / 14.5
字　　数 / 341 千字
定　　价 / 96.00 元

前　言

　　智能网联汽车正在成为新一轮科技革命和产业变革的先导，是全球汽车产业转型发展的战略方向。当前，我国智能网联汽车发展势头强劲，在产业应用、关键技术、测试示范等方面处于全球领先水平，已经实现辅助驾驶大规模应用，车路云一体化正处于应用试点的关键时期。

　　随着汽车产业向"新四化"加速发展，汽车与人工智能、信息通信、云计算、大数据等技术领域间的跨界交融速度越来越快，正由"垂直线型产业价值链"向"交叉网状出行生态圈"演变，企业类型、业务模式、业务流程等正在加速重构。为适应这一新形势发展需求，贵州交通职业大学联合省内高校、智能网联汽车一流企业共同编写《智能网联汽车技术与应用》一书，收集了大量技术规范和一线资料，为教材编写提供了技术支撑。同时，团队还深入走访区域企业并与一线工程师交流，整理、归纳了大量典型工作案例。

　　"智能网联汽车技术与应用"是高等职业教育智能网联汽车相关专业的一门专业课程，旨在培养面向智能网联汽车装调、测试、运维等岗位的高素质的技术技能人才。本教材的编写以习近平新时代中国特色社会主义思想为指导，贯彻落实党的二十大精神，教材内容充分融入家国情怀、创新能力、工匠精神、职业素养等元素，切实推动"立德树人"职业教育内涵建设。根据"岗课赛证"一体融通的建设理念，教材内容对接智能网联汽车相关岗位标准，将行业发展的新知识、新技术、新工艺、新方法融入到理论教学和实践教学，对标职业院校技能大赛、智能网联汽车检测与运维1+X相关职业技能等级证书内容，形成项目化活页式教材，贯通课堂教学与岗位实践，注重读者对理论知识的掌握和实践能力的养成，从而达到逐步提高读者综合素质的目的。

　　全书共有6个项目18个任务，主要包括智能网联汽车驾驶场景、环境感知技术、车辆定位系统、自动制动辅助系统、路径跟踪系统、自适应巡航控制系统。通过学习，读者可系统地了解智能网联汽车传感器装调、路径规划、高级辅助驾驶系统算法调测等内容。

　　本书由向巍（贵州交通职业大学）担任主编，张俊玲（贵州工业职业技术学院）担任主审，韩伟（贵州交通职业大学）担任副主编，参编人员包括李泓霖（贵州交通职业大学）、林雪峰（贵州交通职业大学）、涂振印（贵州交通职业大学）、蒋永彪（贵州装备制造职业学院）、张明（贵州翰凯斯智能技术有限公司）、叶智豪（广州慧谷动力科技有限公司）。团队在编写过程中也得到了北理慧动（北京）教育科技有限公司、中国汽车工程研究院股份有限公司、广州软件应用技术研究院等企业的大力支持，在此表示感谢。

由于编者水平有限，难免存在疏漏和不妥之处，恳请读者批评指正。

编　者
2024 年 12 月

目　录

项目一　智能网联汽车驾驶场景

工作情境描述

　　某公司正在研发智能网联汽车，样车制造完成后，需要对样车进行测试，以确定该智能网联汽车是否达到产品的设计要求，是否符合国家的法律法规要求。因此，工程师针对该智能网联汽车可能面对的驾驶场景，制定了详细的测试方案并分别开展了虚拟仿真测试和实车测试。在智能网联汽车相关领域中，场景是对自动驾驶车辆与其行驶环境各组成要素在一段时间内的总体动态描述，这些要素的组成由期望检验的自动驾驶车辆的功能决定。

　　本项目主要介绍智能网联汽车的驾驶场景、驾驶场景函数和模块、驾驶场景仿真实例应用。通过本项目的学习，学生将全面掌握智能网联汽车驾驶场景的概念，了解驾驶场景测试的相关函数与模块，熟悉驾驶场景的仿真平台和方法。

学习任务一　智能网联汽车驾驶场景认知

任务描述

智能网联汽车行驶时需要处理各种各样的驾驶场景问题，对驾驶场景的认知和处理决定了智能网联汽车行驶的安全性和舒适性。真实世界中场景无穷无尽，构成场景的要素也纷繁复杂。要想描述场景，就需要对场景进行分解，分析场景中不同要素对智能网联汽车系统的影响。那么，你能根据所学知识，说一说什么是智能网联汽车的驾驶场景？

任务目标

知识目标

1. 理解智能网联汽车的含义。
2. 掌握智能网联汽车驾驶场景的分类和要素。
3. 认识驾驶场景在智能网联汽车测试中的重要性。

技能目标

1. 能够按照场景要素列表确定场景的关键要素组成结构。
2. 能够测量场景要素中子要素的属性。

素质目标

1. 遵守职业道德，树立正确的价值观。
2. 引导崇尚劳动精神，逐步提升服务社会的意识。
3. 弘扬工匠精神，塑造精益求精的品质。
4. 培养协同合作的团队精神，自觉维护组织纪律。

任务导入

创新驱动发展，科技引领未来。党的二十大对"加快实施创新驱动发展战略"作出部署，提出"加快实现高水平科技自立自强""增强自主创新能力"。近年来，在党的领导下，我国科技发展日新月异，各种传统行业不断迭代升级，步入新的转型发展阶段。在汽车行业中，智能网联汽车的出现为行业的高质量发展提供了新的思路和方案。而在智能网联汽车的发展中，对驾驶场景的认知和探索一直是研发中的重点和难点。

如今，鉴于驾驶场景在智能网联汽车中的重要性，各国在智能网联汽车驾驶场景上进行了大量研究。例如，日本启动了 SIP 项目，进行了基于自动驾驶测试场景动态地图实验。德国发起 PEGASUS 项目，建成了应用于系统开发和测试验证的场景库。

2022 年 9 月 12 日，我国牵头在国际标准化组织（International Organization for Standardization，ISO）框架下提出的 ISO 34505《道路车辆　自动驾驶系统测试场景　场景评价与测试用例生成》国际标准项目，经投票表决后正式获得立项，由中国和德国专家联合担任标准项目牵头人。

综上可见，在学习智能网联汽车的过程中，正确认识智能网联汽车的驾驶场景是极为重要的。

知识准备

一、智能网联汽车驾驶场景的内涵

2017年6月，国家智能网联汽车试点示范区（上海）启动"昆仑计划：中国智能驾驶全息场景库建设"项目，明确了驾驶场景在智能网联汽车研发中的重要性。那么，什么是智能网联汽车的驾驶场景？

场景的定义是认识、理解、描述场景的基础。在不同的领域中，会对场景定义有不同的扩充，但本质上又是相似的。在智能网联汽车相关领域中，场景是对自动驾驶车辆与其行驶环境各组成要素在一段时间内的总体动态描述，这些要素的组成由期望检验的自动驾驶汽车的功能决定。在高级驾驶辅助系统仿真测试研究中，场景经常用作测试的基础，以帮助开发人员了解和评估无人驾驶系统的性能和功能。

但是在研究中，不同的研究者从不同层面对场景作出不同的定义。在国外，有研究者在其研究中将场景定义为"包含驾驶人预期动作的环境情境"，同时也表明该"环境情境"并不会详细说明每一个具体的动作。而有些研究者认为每个场景都始于一个初始环境快照，可以通过动作、事件、目标等来表现时间的演变，用一系列时间上不断发展的环境快照组合成为一个场景，即认为场景描述了这些要素在一段连续时间内的动态交互。以上两种定义都强调了测试场景随时间会发生改变。

在国内，行业标准ISO 34501：2022《道路车辆　自动驾驶系统测试场景　术语》中对场景进行了说明："场景通常包括自动驾驶系统/试验车辆及其执行动态驾驶任务过程中相互作用的场景快照。"

总的来说，场景指的是行驶场合和驾驶情境的组合，受行驶环境的深刻影响，如道路、交通、天气、光照等要素，共同构成整个场景概念。场景是在一定时间和空间范围内环境与驾驶行为的综合反映，描述了道路、交通设施、气象条件、交通参与者等外部状态以及车的驾驶行为状态等信息。测试场景是自动驾驶测试系统中相当重要的一环，测试场景的多样性、覆盖性、典型性等都会影响测试结果的准确性，进而影响自动驾驶的安全与质量。

二、场景的要素

1. 场景要素解析

场景可以认为是若干要素组成的集合。真实世界中场景无穷无尽，构成场景的要素也纷繁复杂。要想描述场景，就需要对场景进行分解，分析场景中不同要素对智能网联汽车系统的影响，这样有助于提取场景要素，对现实场景进行降维解析。从场景要素对自动驾驶系统各个模块的功能影响出发，智能网联汽车驾驶场景要素可分为路网结构、地面属性、交互成员和环境因素。

1）路网结构的影响

路网结构指的是道路网络的组织和布局方式，包括道路之间的连接方式、交叉口的设置、道路等级划分等方面。路网结构的设计影响交通系统的效率、安全和便利性。一般来说，路网结构可以分为四种类型：网格状结构、放射状结构、环状结构、混合结构。

路网结构对智能网联汽车驾驶场景具有直接影响。不同结构带来的复杂性和交通流量变化，要求自动驾驶系统具备自适应能力。道路标志、标线的设置也影响系统的感知和规划能力。地形和气候条件的变化需要提高系统适应性，如山区和城市等。因此，测试中需考虑路网结构，以评估系统在各种场景下的性能和可靠性。

2）地面属性的影响

地面属性指的是地面表面的特征和性质，包括路面的平整度、摩擦因数、颜色、材质、湿润程度、坡度等，这些属性对于车辆的行驶稳定性、传感器数据的准确性以及自动驾驶系统的感知和决策能力都有重要影响。不同的地面属性会对自动驾驶系统的行为带来不同的挑战。通过考虑地面属性，可以更好地评估智能网联汽车在不同路况下的表现，并提高系统在各种实际道路环境下的适应性和安全性。

3）交互成员的影响

场景中的交互成员除自身车辆外，可以分为两类：静态成员和动态成员。静态成员包括场景中的障碍物、景观、交通装置等；动态成员包括场景中的动态装置以及交通参与者，如车辆、行人、动物等。

交互成员带来的挑战，一方面在于道路场景中成员类别众多、外形各异、材质多样，这会影响硬件感知以及目标识别的准确度；另一方面，复杂交通环境下交互成员的位置和行为并不规则，且要考虑道路上的突发情况，例如行人可能突然闯入道路，一些障碍物也可能横亘在道路中央，这些不确定因素大大增加了场景的复杂度。自动驾驶系统需要及时察觉这些成员的异常行为并进行规避，这考验了智能网联汽车的决策和规划能力。

4）环境因素的影响

场景中的环境因素主要包括光照、雨、雪、风、雾、沙尘、烟、电磁干扰等，不同因素都会对自动驾驶系统产生严重的影响。雾天的道路环境如图1-1-1所示。

图 1-1-1　雾天的道路环境

光照变化会影响相机的性能,进而影响目标检测和识别的准确性。不同光照条件下,图像可能会出现颜色偏移或者对比度不足等问题。在强光照条件下,图像传感器可能会出现饱和现象,导致图像失真或丢失关键信息。而在弱光照条件下,图像传感器可能会受到噪声干扰,从而降低图像的质量和清晰度。因此,往往需要采用特定的校正算法或者图像增强技术,来提高图像的质量和识别的准确性,以保证驾驶安全。

雨滴落在相机上会对成像效果产生影响,激光雷达的激光束打在雨滴形成的雨线上会产生反射,从而缩短雷达的探测距离。雪会改变环境的颜色、纹理等视觉特征,使目标检测和识别算法难以准确地识别和跟踪对象。雾、沙尘、烟会影响相机的可见性,同时激光雷达的反射率会随着其浓度的增加而下降,使有效探测距离变短,容易产生强烈的噪声。雨、雪还会导致路面的附着系数降低,增加控制难度,使车辆容易发生打滑、偏离路线等异常情况。

来自外部环境的电磁干扰主要是指无线电干扰,会影响自动驾驶系统的通信和感知设备。例如,卫星导航系统受到影响,会失去当前位置的地理坐标,进而影响规划模块。

2. 场景要素列表

解析综合场景要素,并结合智能网联汽车的特点,确定驾驶场景的关键要素组成结构。如图 1-1-2 所示,可将场景要素划分为路网结构、地面属性、交互成员、环境因素。

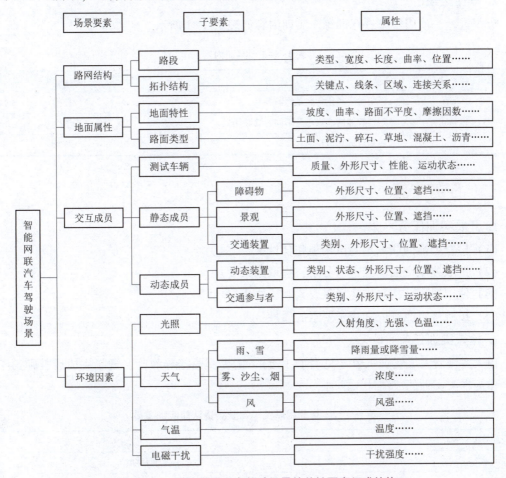

图 1-1-2 智能网联汽车驾驶场景的关键要素组成结构

场景要素下的子要素是对场景要素的具体细分，如交互成员按照运动属性分为测试车辆、静态成员、动态成员。场景要素和子要素之间可以使用树形结构来描述，子要素也可以根据场景建模的需求和应用场景的复杂程度进行动态扩展。

属性是指子要素的各种特征和状态，如道路的宽度，车辆的位置、速度、加速度，行人的行走方向等。场景中的各属性之间并不是解耦的，而是有很强的关联性，如不同降雨、雪量对路面摩擦因数影响不同，车辆的加速度和速度之间也存在联系。

 任务实施

实训　智能网联汽车驾驶场景认知

一、任务准备

1. 场地设施

智能网联汽车 1 辆，道路环境模型。

2. 学生组织

分组进行，使用实车进行训练。实训内容如表 1-1-1 所示。

表 1-1-1　实训内容

时间	任务	操作对象
0~10 min	组织学生讨论什么是驾驶场景	教师
11~30 min	观察智能网联汽车及不同的驾驶场景	学生
31~40 min	教师点评和讨论	教师

二、任务实施

1. 开展实训任务

（1）检查智能网联汽车测试场地整体情况。

（2）选取典型交通场景进行分解，提取场景要素。

（3）使用树形结构来描述场景要素和子要素。

（4）按照规定测量或查找子要素的属性。

2. 检查实训任务

单人实操后完成实训工单（见表 1-1-2），请提交给指导教师，现场完成后教师给予点评，作为本次实训的成绩计入学时。

表 1-1-2　智能网联汽车驾驶场景认知实训工单

实训任务					
实训场地		实训学时		实训日期	
实训班级		实训组别		实训教师	

续表

学生姓名		学生学号		学生成绩	
实训准备	实训场地准备				
	1. 正确清理实训场地杂物（□是　□否） 2. 正确检查安全情况（□是　□否）				
	防护用品准备				
	1. 正确检查并佩戴劳保手套（□是　□否） 2. 正确检查并穿戴工作服（□是　□否） 3. 正确检查并穿戴劳保鞋（□是　□否）				
	车辆、设备、工具准备				
	1. 测量设备（□是　□否） 2. 工具车（□是　□否）				
	车辆基本检查				
	1. 正确检查并确认电子手刹和挡位位置（□是　□否） 2. 正确检查冷却液位（□是　□否） 3. 正确检查机油液位（□是　□否） 4. 正确检查制动液液位（□是　□否） 5. 正确检查蓄电池电压是否正常（□是　□否）				
实训过程	操作步骤		考核要点		
	1. 实训开始前穿戴好个人防护用品 2. 检查确认车辆状态正常 3. 检查智能网联汽车测试场地整体情况 4. 进行场景分解，提取场景要素 5. 使用树形结构来描述场景要素和子要素，并将其绘制在实训工单的场景要素组成栏中 6. 按照规定测量或查找子要素的属性		1. 正确穿戴劳保手套、工作服、劳保鞋（□是　□否） 2. 检查确认车辆状态正常（□是　□否） 3. 检查智能网联汽车测试场地整体情况（□是　□否） 4. 能够正确进行场景分解，提取场景要素（□是　□否） 5. 能够绘制出场景要素和子要素的树形结构（□是　□否） 6. 能够正确测量或查找子要素的属性（□是　□否）		
	场景要素组成				

3. 技术参数准备

以智能网联汽车维修手册及行业维修标准为主。

4. 核心技能点准备

（1）准确、完整地分析场景要素。

（2）实训时严格按要求操作，并穿戴相应防护用品（工作服、劳保鞋、劳保手套等）。

（3）可以测量或查找场景中子要素的属性。

（4）可以分析出子要素对智能网联汽车运行可能造成的影响。

5. 作业注意事项

不要随意触摸相关设备。

任务评价

任务完成后填写任务评价表 1-1-3。

表 1-1-3　任务评价表

序号	评分项	得分条件	分值	评分要求	得分	自评	互评	师评
1	安全/7S/态度	作业安全、作业区7S、个人工作态度	15	未完成1项扣1~3分，扣分不得超15分		□熟练 □不熟练	□熟练 □不熟练	□合格 □不合格
2	专业技能能力	正确穿戴个人防护用品	5	未完成1项扣1~5分，扣分不得超45分		□熟练 □不熟练	□熟练 □不熟练	□合格 □不合格
		正确分析路网结构	5					
		正确分析地面属性	10					
		正确分析交互成员	5					
		正确分析环境因素	5					
		可以测量地面属性	5					
		可以测量交互成员属性	5					
		可以测量环境因素属性	5					
3	工具及设备使用能力	测量设备	5	未完成1项扣1~5分，扣分不得超5分		□熟练 □不熟练	□熟练 □不熟练	□合格 □不合格
		工具车	5	未完成1项扣1~5分，扣分不得超5分		□熟练 □不熟练	□熟练 □不熟练	□合格 □不合格
4	资料、信息查询能力	其他资料信息检索与查询能力	10	未完成1项扣1~5分，扣分不得超10分		□熟练 □不熟练	□熟练 □不熟练	□合格 □不合格
5	数据判断和分析能力	数据读取、分析、判断能力	10	未完成1项扣1~5分，扣分不得超10分		□熟练 □不熟练	□熟练 □不熟练	□合格 □不合格
6	表单填写与报告撰写能力	实训工单填写	10	未完成1项扣0.5~1分，扣分不得超10分		□熟练 □不熟练	□熟练 □不熟练	□合格 □不合格
总分：								

试题训练

一、判断题

1. 路网结构对智能网联汽车驾驶场景没有直接影响。（　　）

2. 交互成员除自身车辆外，可以分为两类：静态成员和动态成员。（　　　）

3. 光照变化不会影响相机的性能。（　　　）

4. 激光雷达的反射率会随着大雾浓度的增加而增加。（　　　）

5. 雨、雪也会导致路面的附着系数降低。（　　　）

二、单项选择题

1. 场景中的交互成员中，静态成员包括场景中的（　　　）、景观、交通装置等。

A. 障碍物　　　　　　B. 行人　　　　　　C. 狗　　　　　　D. 车辆

2. 国家智能网联汽车试点示范区（上海）在（　　　）年启动了"昆仑计划"。

A. 2016　　　　　　B. 2017　　　　　　C. 2018　　　　　　D. 2019

3. 根据图 1-1-2，下列（　　　）不属于场景要素。

A. 路网结构　　　　B. 地面属性　　　　C. 环境因素　　　　D. 电磁波

4. 下列（　　　）对相机的成像效果影响最大。

A. 行人　　　　　　B. 自行车　　　　　C. 沙尘　　　　　　D. 公交车

5. 下列（　　　）不属于天气要素。

A. 雨　　　　　　　B. 雪　　　　　　　C. 雾　　　　　　　D. 绿化带

三、简答题

　　一辆智能网联汽车在雾天行驶时，车主发现车辆传感器的探测距离和精度下降，试分析雾天情况下哪些传感器可能受到影响，并论述大雾的浓度是如何影响这些传感器的。

学习任务二　驾驶场景函数和模块认知

任务描述

　　经过任务一的学习，已经知道了什么是智能网联汽车驾驶场景。场景的种类繁多，包含的要素也各种各样，那在智能网联汽车测试开发中，如何处理这些要素？一般来说，测试场景的构建流程可分为 3 步：数据采集、分析挖掘和验证测试。智能网联汽车系统的目标测试场景可以分为典型场景和边界场景两类。典型场景用于测试系统的综合性能，而边界场景的关注区域在场景参数空间的边界，可以检验系统在极限条件下的性能。在要素提取中，要根据场景测试的实际要求，提取出场景关键要素。

　　通过接下来的学习，请你说一说测试场景是如何生成的，场景关键要素是如何提取出来的？

任务目标

知识目标

1. 学习智能网联汽车测试场景常见的生成方法。

2. 理解场景关键要素的提取方法。

3. 认识数学学科在智能网联汽车研发中的重要作用。

技能目标

1. 能够对测试场景关键要素进行提取。

2. 能够对智能网联汽车按照物理系统进行分解。

素质目标

1. 遵守职业道德，树立正确的价值观。

2. 引导崇尚劳动精神，逐步提升服务社会的意识。

3. 弘扬工匠精神，塑造精益求精的品质。

4. 培养协同合作的团队精神，自觉维护组织纪律。

任务导入

科学技术是第一生产力。近年来，在智能网联汽车领域，特斯拉、Waymo、Uber 等公司竞相推出先进的自动驾驶技术，并进行了大规模测试。同时，传统汽车制造商（如奥迪、宝马、福特等）也加大投入，与科技巨头（如谷歌、苹果等）展开了激烈竞争。此外，中国企业（如蔚来、小鹏等）也积极布局市场，与国际巨头展开全方位竞争，促进了智能网联汽车技术的不断突破和普及。

在智能网联汽车的研发测试过程中，离不开科学、有效的测试方法和测试工具。在场景测试中，如何科学地生成测试场景和提取场景要素一直是重点和难点。而利用计算机学科的知识和技术，结合数学理论，是解决这一问题的有效方法。

知识准备

一、智能网联汽车测试场景的生成

场景测试是智能网联汽车研发测试中的重要环节，多样化的测试场景、丰富的场景要素是测试成功的重要条件，那么怎样才能生成合适的场景来进行智能网联汽车测试？

1. 测试场景的构建流程

一般来说，测试场景的构建流程可分为 3 步：数据采集、分析挖掘和验证测试（见图 1-2-1）。

数据采集　　　　　　分析挖掘　　　　　　验证测试

图 1-2-1　测试场景的构建流程

在大部分的科学研究中，需要数据作为研究的基础，智能网联汽车的测试场景生成也需要大量的数据做支撑。数据采集是指通过各种方式和工具收集不同来源的数据，并将这些数据存储以备后续处理和分析。数据采集的流程如图 1-2-2 所示。

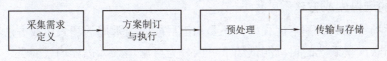

图 1-2-2　数据采集的流程

然而，采集的数据并不是越多越好，随机或者大量地采集会增加工作的难度，也会浪费大量的资源。在智能网联汽车测试场景生成中，数据采集需要首先根据智能网联汽车的功能等级、驾驶任务和评价维度，确定需要采集的数据种类、来源和体量，然后根据这些制订数据采集方案，执行采集行为。数据采集以后，为了后续数据分析，提高场景数据的可用性，需要对数据进行预处理。最后，将完成预处理的数据进行传输和存储，数据采集的工作才算完成。

数据采集完成后，利用这些数据来实现场景数据的分析和挖掘。首先是场景理解，主要是理解场景中与测试车辆有关的物体含义。然后，在场景理解的基础上，对测试场景中的要素进行特征元素和特征量的提取，以实现要素的数字化。在获取大量的场景数据后，会发现有些场景极其相似，为了提高场景的测试效率，需要对具备相同特征信息的场景进行聚类，再对不同特征信息的场景进行分类处理。聚类是计算机学科的一种数据处理方法，旨在将数据集中的对象分成具有相似特征的多个组。简而言之，聚类就是将"相似的"数据或要素聚集到一起，如图 1-2-3 所示。最后，在完成场景聚类的基础上，生成测试场景。数据分析和挖掘的流程如图 1-2-4 所示。

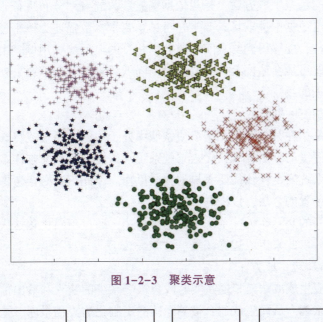

图 1-2-3　聚类示意

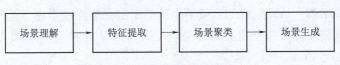

图 1-2-4　数据分析和挖掘的流程

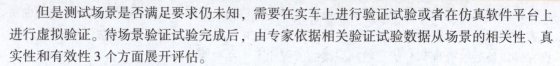

但是测试场景是否满足要求仍未知，需要在实车上进行验证试验或者在仿真软件平台上进行虚拟验证。待场景验证试验完成后，由专家依据相关验证试验数据从场景的相关性、真实性和有效性3个方面展开评估。

2. 常见的场景生成方法

在学习了场景生成的基本流程后，还要知道目前业内常用的场景生成方法有哪些。一般而言，智能网联汽车系统的目标测试场景可以分为典型场景和边界场景两类。典型场景用于测试系统的综合性能，而边界场景的关注区域在场景参数空间的边界，可以检验系统在极限条件下的性能。通过分析真实交通数据及标准法规，可以为生成的场景提供理论支撑。根据数据来源以及测试目标，不同的研究者提出了不同的生成方法，具有代表性的有以下4种：典型场景组合生成方法、典型场景随机采样生成方法、边界场景优化生成方法、边界场景自适应生成方法。下面了解一下这4种场景生成方法。

1）典型场景组合生成方法

组合测试是一种简单而有效的软件系统测试方法，将其原理应用于场景自动生成研究中，可以有效降低场景数量，提高生成场景的质量。组合测试通过选择代表性的测试用例来覆盖系统中各种可能的输入组合，可以帮助发现多个参数之间的相互作用和冲突，以及潜在的边界情况和异常情况。

该方法可以节省测试时间和资源，并提高场景的覆盖率。但是为了提高场景的覆盖率，生成的场景可能会存在同质化现象，导致测试成本浪费在无意义的场景上，从而降低了测试效率。

2）典型场景随机采样生成方法

基于随机采样的场景生成方法，是指依据场景参数的概率分布进行非均匀采样来生成测试场景。从真实交通数据中提取场景要素并将场景要素参数描述为概率过程，最后从概率分布中进行非均匀抽样，能够得到与真实交通数据相符的典型测试用例。由于场景特征的提取多是人为提取，因此可能会遗漏某些重要因素，降低场景的复杂度；另外由于其随机性，可能会生成一些不合理的场景。

3）边界场景优化生成方法

边界场景通常是指在某个系统、情境或领域中处于边缘、极端或特殊情况下的场景或情况。随着无人驾驶等级的不断提高，无人驾驶系统测试验证逐渐面临样本工况长尾效应的挑战，而且无人驾驶系统安全往往需要大量的测试里程。因此，有必要考虑能够测试系统能力边界的小概率边界场景的方法，以提高测试效率。

该方法将车辆间的交互作为一个优化问题来描述，通过不断优化迭代缩小测试结果与预期目标之间的差距，以此来生成边界场景。

4）边界场景自适应生成方法

边界场景自适应生成方法是指通过实时收集被测系统的输入和输出信息，并根据这些信息动态地修正场景状态，从而生成适合被测系统的定制化边界场景库，是一种在线闭环生成方法。自适应可以理解为系统会自己去"适应"环境，以达到目的。边界场景自适应生成方法框架如图1-2-5所示。

该方法不关注被测系统的内部信息，只关注其输入、输出，能够提高测试场景的契合度，从而更好地适应高级别无人驾驶系统的测试需求。

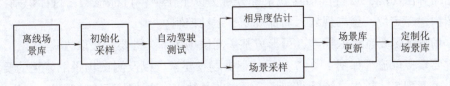

图 1-2-5　边界场景自适应生成方法框架

二、场景关键要素的提取

在生活中处理问题时，要抓住关键点，问题才能迎刃而解。在智能网联汽车的场景要素中，也要抓住其中的关键。那么，什么样的要素是关键要素？

首先，需要知道这些要素是如何影响智能网联汽车的。例如，环境中天气要素，在雨、雪天时，智能网联汽车的相机、雷达会受到雨、雪影响，采集的外部数据容易出错，同时对目标检测等算法也有影响。

为了确定关键要素，要逐一分析场景要素对智能网联汽车物理结构以及算法功能的影响，然后将两者影响综合考虑，从而得出该场景要素对系统是否有关键影响。关键要素提取模型如图 1-2-6 所示。

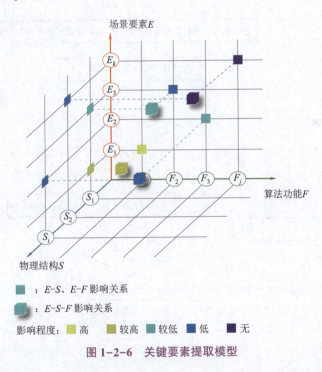

图 1-2-6　关键要素提取模型

根据自动驾驶车辆自身的物理系统进行分解，此时自动驾驶车辆物理系统被描述为不同最小物理结构的集合。

考虑到在道路场景中常用的物理设备，可将智能网联汽车分解为以下子项：相机、红外相机、激光雷达、毫米波雷达、定位系统、车辆平台。

同理，按照对智能系统的算法功能进行划分，将其分解为多个子功能。考虑到在道路场景下常用的算法功能，可将自动驾驶系统分解为以下子项：目标检测、目标识别、目标跟踪、地图构建、定位、全局规划、局部规划、运动控制。

根据场景关键要素提取模型，可形成某个测试场景下关键要素提取方法。

关键要素提取流程如图 1-2-7 所示。根据场景要素，以及测试场景下特定的要素需求，形成场景要素列表。首先，统计得到场景要素的总数 K，遍历所有场景要素，分析每项要素对无人驾驶系统物理结构和算法功能的影响。然后，综合考虑两项影响，计算出综合影响因素 E，并与设定的阈值 σ 进行比较，大于该阈值则认为是关键要素，否则为非关键要素。最后，在遍历所有场景要素后，输出关键要素列表。后续在进行场景建模时应该专注于这些关键要素。

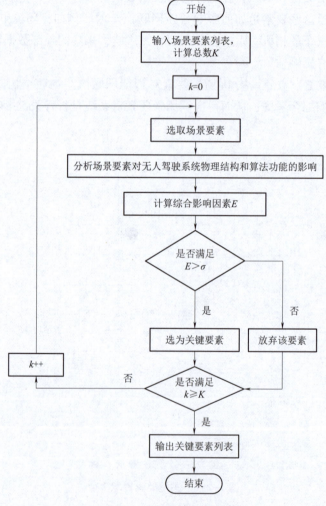

图 1-2-7 关键要素提取流程

任务实施

实训 驾驶场景函数和模块认知

一、任务准备

1. 场地设施

智能网联汽车 1 辆，笔记本计算机。

2. 学生组织

分组进行，使用实车进行训练。实训内容如表 1-2-1 所示。

表 1-2-1 实训内容

时间	任务	操作对象
0~10 min	组织学生讨论什么是驾驶场景，怎样生成驾驶场景	教师
11~30 min	学习驾驶场景的分类和要素提取方法	学生
31~40 min	教师点评和讨论	教师

二、任务实施

1. 开展实训任务

（1）检查智能网联汽车测试场地整体情况。

（2）绘制场景库自适应生成框架。

（3）进行场景分类，提取场景关键要素。

（4）绘制关键要素提取流程图。

2. 检查实训任务

单人实操后完成实训工单（见表 1-2-2），请提交给指导教师，现场完成后教师给予点评，作为本次实训的成绩计入学时。

表 1-2-2 驾驶场景函数和模块认知实训工单

实训任务				
实训场地	实训学时		实训日期	
实训班级	实训组别		实训教师	
学生姓名	学生学号		学生成绩	

实训准备	实训场地准备	
	1. 正确清理实训场地杂物（□是　□否）	
	2. 正确检查安全情况（□是　□否）	
	防护用品准备	
	1. 正确检查并佩戴劳保手套（□是　□否）	
	2. 正确检查并穿戴工作服（□是　□否）	
	3. 正确检查并穿戴劳保鞋（□是　□否）	
	车辆、设备、工具准备	
	1. 测量设备（□是　□否）	
	2. 工作台（□是　□否）	
	3. 工具车（□是　□否）	
实训准备	车辆基本检查	
	1. 正确检查并确认电子手刹和挡位位置（□是　□否）	
	2. 正确检查冷却液液位（□是　□否）	
	3. 正确检查机油液位（□是　□否）	
	4. 正确检查制动液液位（□是　□否）	
	5. 正确检查蓄电池电压是否正常（□是　□否）	
实训过程	操作步骤	考核要点
	1. 实训开始前穿戴好个人防护用品 2. 检查确认车辆状态正常 3. 检查智能网联汽车测试场地整体情况 4. 绘制场景库自适应生成框架 5. 进行场景分类，提取场景关键要素 6. 在实训工单的关键要素提取流程图栏中绘制关键要素提取流程图	1. 正确穿戴劳保手套、工作服、劳保鞋（□是　□否） 2. 检查确认车辆状态正常（□是　□否） 3. 检查智能网联汽车测试场地整体情况（□是　□否） 4. 能够正确绘制场景库自适应生成框架（□是　□否） 5. 能够进行场景分类，提取场景关键要素（□是　□否） 6. 能够正确绘制关键要素提取流程图（□是　□否）
	关键要素提取流程图	

3. 技术参数准备

以智能网联汽车维修手册及行业维修标准为主。

4. 核心技能点准备

（1）准确、完整地分析场景要素。

（2）实训时严格按要求操作，并穿戴相应防护用品（工作服、劳保鞋、劳保手套等）。

（3）可以进行场景分类，提取场景关键要素。

（4）可以绘制关键要素提取流程图。

5. 作业注意事项

不要随意触摸相关设备。

任务评价

任务完成后填写任务评价表1-2-3。

表1-2-3 任务评价表

序号	评分项	得分条件	分值	评分要求	得分	自评	互评	师评
1	安全/7S/态度	作业安全、作业区7S、个人工作态度	15	未完成1项扣1~3分，扣分不得超15分		□熟练 □不熟练	□熟练 □不熟练	□合格 □不合格
2	专业技能能力	正确穿戴个人防护用品	5	未完成1项扣1~5分，扣分不得超45分		□熟练 □不熟练	□熟练 □不熟练	□合格 □不合格
		正确绘制边界场景自适应生成方法框架	5					
		正确分析场景种类	10					
		正确辨别关键要素	10					
		正确绘制关键要素提取流程图	10					
		可以理解4种场景生成方法	5					
3	工具及设备使用能力	测量设备	5	未完成1项扣1~5分，扣分不得超5分		□熟练 □不熟练	□熟练 □不熟练	□合格 □不合格
		工具车	5	未完成1项扣1~5分，扣分不得超5分		□熟练 □不熟练	□熟练 □不熟练	□合格 □不合格
4	资料、信息查询能力	其他资料信息检索与查询能力	10	未完成1项扣1~5分，扣分不得超10分		□熟练 □不熟练	□熟练 □不熟练	□合格 □不合格
5	数据判断和分析能力	数据读取、分析、判断能力	10	未完成1项扣1~5分，扣分不得超10分		□熟练 □不熟练	□熟练 □不熟练	□合格 □不合格
6	表单填写与报告撰写能力	实训工单填写	10	未完成1项扣0.5~1分，扣分不得超10分		□熟练 □不熟练	□熟练 □不熟练	□合格 □不合格
总分：								

试题训练

一、判断题

1. 科学技术是第一生产力。（   ）

2. 在数据采集的过程中，采集的数据越多越好。（   ）

3. 聚类就是将"相似的"数据或要素聚集到一起。（   ）

4. 不同的场景要素的重要程度都一样。（   ）

5. 智能优化算法用于求解典型场景生成的问题，以获得全局最优解。（   ）

二、单项选择题

1. 测试场景的构建流程可分为3步：（   ）、分析挖掘和验证测试。

A. 数据采集　　　　　B. 理论验证　　　　　C. 方案设计　　　　　D. 信号处理

2. 以下（   ）不是数据采集的流程。

A. 采集需求定义　　　B. 理论验证　　　　　C. 预处理　　　　　　D. 传输与存储

3. 以下（   ）不是分析挖掘的流程。

A. 场景理解　　　　　B. 特征提取　　　　　C. 场景分类　　　　　D. 场景生成

4. 以下（   ）不是常见的场景生成方法。

A. 典型场景组合生成方法　　　　　　　　　B. 典型场景固定采样生成方法

C. 边界场景优化生成方法　　　　　　　　　D. 边界场景自适应生成方法

5. 测试智能网联汽车的相机成像效果时，下列（   ）可以作为该测试场景下的关键要素。

A. 行人　　　　　　　B. 自行车　　　　　　C. 沙尘　　　　　　　D. 公交车

三、简答题

一辆智能网联汽车在雨天行驶时，工程师发现车辆的相机成像精度下降，对此，工程师将对该车辆进行雨天的相机测试，试分析该测试场景下哪些要素是关键要素。

学习任务三　驾驶场景仿真实例应用

任务描述

某公司生产的智能网联汽车需要进行场景测试，但是该公司的测试场地数量有限，已经被其他品类汽车占用，并且该公司的预算有限。对此，工程师们采用仿真测试技术，对该产品进行测试，这样既减少了实车测试的工作量，又节省了成本。智能网联汽车仿真是指使用计算机技术对车辆的运行情况进行模拟，以评估和优化车辆智能系统性能和安全性的过程。仿真可以在虚拟环境中对车辆行驶路线、交通流量、交通规则等进行模拟，从而测试不同的车辆控制策略和行驶场景下的驾驶员反应，并最终得出最佳的驾驶方案。

作为一名智能驾驶系统工程师，请你说出仿真测试和实车测试的优缺点。

任务目标

知识目标

1. 学习智能网联汽车仿真测试的特点和优点。
2. 熟悉常见的仿真平台。
3. 认识仿真测试在智能网联汽车研发中的重要作用。

技能目标

1. 能够使用软件进行静态场景搭建。
2. 能够在仿真平台进行车辆资源配置。
3. 能够在仿真平台进行交通流配置。

素质目标

1. 遵守职业道德，树立正确的价值观。
2. 引导崇尚劳动精神，逐步提升服务社会的意识。
3. 弘扬工匠精神，塑造精益求精的品质。
4. 培养协同合作的团队精神，自觉维护组织纪律。

任务导入

《中国制造2025》将"节能与新能源汽车"作为重点发展领域，明确了对其的支持方案，为产业发展指明了方向，要求到2025年，掌握自动驾驶总体技术及各项关键技术，建立较完善的智能网联汽车自主研发体系、生产配套体系及产业集群，基本完成汽车产业转型升级。由此可以看出，国家正在大力推进智能网联汽车的发展。

在智能网联汽车领域，仿真测试是至关重要的。通过仿真测试，可以模拟各种交通场景、道路条件和车辆行为，评估自动驾驶系统在复杂环境中的性能和安全性。仿真测试可以大幅减少实际道路测试的成本和风险，同时加速系统开发和测试过程。通过仿真测试，还可以快速验证算法和系统的正确性，发现潜在问题并进行改进。此外，仿真测试还可以帮助优化车辆控制策略、提高系统鲁棒性和适应性，以应对复杂多变的交通环境。

知识准备

一、智能网联汽车仿真概述

智能网联汽车是集环境感知、智能决策以及规划和控制等功能于一体的复杂系统，与传统意义上汽车的差别不仅体现在基本功能上，同时也体现在车辆对周围环境的感知方式、车辆运行的控制方式上，因此研制过程中需要大量的试验来验证其智能决策水平是否已经达到完全自主驾驶的条件。

然而，现实交通环境无法确保车辆和试验人员的安全，尤其是某些技术需在极端工况下完成验证，较难获得可重复的试验用交通场景和交通流，一般的有人驾驶场地试验方法无法达到验证智能汽车智能水平的目的，智能汽车试验需在可控、可重复、有效且安全的条件下进行。另外，在现实场景中对智能汽车进行试验周期较长，成本也较高昂。而智能汽车仿真平台（见图1-3-1）凭借场景可编辑、仿真高效性、开发低成本、试验周期短等优势，可以很好地解决以上问题。

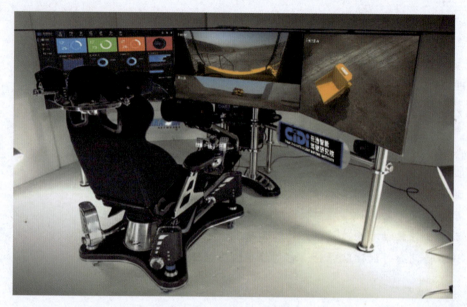

图1-3-1　智能汽车仿真平台

智能网联汽车仿真是指使用计算机技术对车辆的运行情况进行模拟，以评估和优化车辆智能系统性能和安全性的过程。仿真可以在虚拟环境中对车辆行驶路线、交通流量、交通规则等进行模拟，从而测试不同的车辆控制策略和行驶场景下的驾驶员反应，并最终得出最佳的驾驶方案。

智能网联汽车仿真具有重要的意义，主要表现在以下几个方面。

（1）降低开发成本：仿真可以在虚拟环境中进行，避免了实际测试中的高昂成本和风险。

（2）提高车辆性能：仿真可以通过大量的测试和优化来提高车辆的性能，如降低碰撞率等。

（3）增强安全性：仿真可以对车辆的安全性进行全面的评估，从而识别潜在的安全问题并采取相应的措施。

（4）推进技术发展：智能网联汽车仿真可以作为一个实验平台，用于测试和验证新的自动驾驶技术、传感器和算法等。

综上所述，智能网联汽车仿真是一种重要的技术手段，可用于提高车辆的性能和安全性，并推进自动驾驶技术的发展。

二、常见的智能网联汽车仿真平台

目前，智能仿真平台的使用，提高了智能网联汽车的开发效率，节约了大量的资源和成本，缩短了试验周期，大大促进了智能网联汽车的发展。目前，比较常用的智能网联汽车仿真平台有 Gazebo、V-REP、PreScan、51Sim-One 等。

1. 仿真平台设计要求

对于智能网联汽车仿真来说，仿真平台需要满足以下几点要求。

（1）仿真平台需求：能够支持大规模、多样化场景构建，处理大量车辆和路测数据，实现车路协同技术和模拟云信息交通数据中心，同时也能够快速构建小型非结构化场景。

（2）高精度映射：运用数字孪生虚拟仿真技术，能够实现虚拟场景与物理模型的高精度映射，建立高精度仿真场景、传感器模型和智能体模型，智能体模型包括环境中的人和车辆。

（3）分布式并行计算能力：实现智能驾驶算法和场景渲染的快速计算，保证仿真计算的流畅性，充分利用图形处理单元（GPU）或中央处理器（CPU）计算资源。

（4）良好的集成能力：能够集成优秀的车辆动力学仿真软件功能，便于利用智能驾驶和车辆开发测试软件的软硬件工具链。

2. Gazebo 仿真平台

Gazebo 仿真平台是一款功能强大的三维物理仿真平台，具备强大的物理引擎、高质量的图形渲染、便捷的编程与图形接口。Gazebo 仿真平台和机器人操作系统（robot operating system，ROS）有较好的兼容性，是默认的仿真平台，其模型格式是基于 XML 文件的仿真描述格式（simulation description format，SDF），类似于命令行，较难入门，但可以创造出较复杂的模型，而且支持 SOLIDWORKS 等三维建模软件的 URDF 模型导入。Gazebo 仿真平台界面如图 1-3-2 所示。

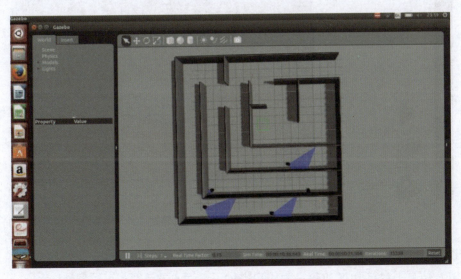

图 1-3-2　Gazebo 仿真平台界面

Gazebo 仿真平台具有以下特点。

（1）车辆动力学仿真：支持多种高性能的物理引擎，如 ODE、Bullet、SimBody、DART 等。

（2）三维可视化环境：支持显示逼真的三维环境，包括光线、纹理、影子等。

（3）传感器仿真：支持传感器数据仿真，同时可以仿真传感器噪声。

（4）可扩展插件：用户可以定制化开发插件，扩展 Gazebo 仿真平台的功能，满足个性化的需求。

（5）多种机器人模型：官方提供 PR2、Pioneer2 DX、TurtleBot 等机器人模型，当然也可以使用自己创建的机器人模型。

（6）传输控制协议/因特网互联协议（TCP/IP）传输：Gazebo 仿真平台可以实现远程仿真，后台仿真和前台显示通过网络通信。

（7）云仿真：Gazebo 仿真平台可以在 Amazon、Softlayer 等云端运行，也可以在自己搭建的云服务器上运行。

（8）终端工具：用户可以使用 Gazebo 仿真平台提供的命令行工具在终端实现仿真控制。

3. V-REP 仿真平台

V-REP 仿真平台是一个强大的机器人三维集成开发环境，具有几个通用的计算模块（逆运动学、物理/动力学、碰撞检测、最小距离计算、路径规划等）、分布式控制架构（无限数量的控制脚本、线程或非线程），以及几个扩展机制（插件、客户端应用程序等）。它提供了许多功能，可以通过应用程序接口（API）和脚本功能轻松集成和组合。而控制器可以用 C/C++、Python、Java、Lua、Matlab、Octave、Urbi 等语言来编写，而且支持 Windows、macOS、Linux 系统。V-REP 仿真平台界面如图 1-3-3 所示。

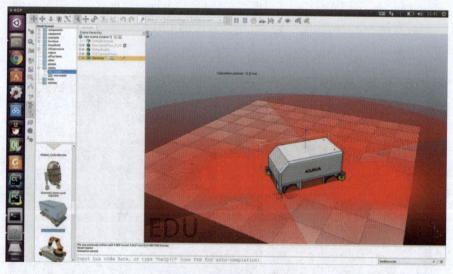

图 1-3-3　V-REP 仿真平台界面

相比 Gazebo 仿真平台，V-REP 仿真平台内置了大量常见模型，使建模更加简单。同时，V-REP 仿真平台与 ROS 兼容，为用户提供了更大的灵活性和可扩展性。

4. PreScan 仿真平台

PreScan 仿真平台是 TNO 公司旗下子公司 Tass-International 公司的产品，主要用于驾驶辅助、驾驶预警、避撞和减撞等功能的前期开发和测试。PreScan 仿真平台界面如图 1-3-4 所示。

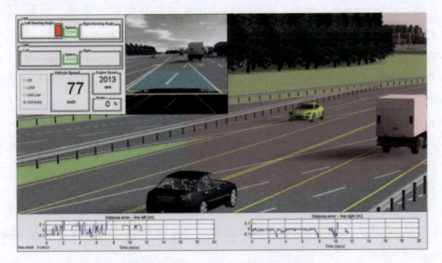

图 1-3-4　PreScan 仿真平台界面

5. 51Sim-One 仿真平台

51Sim-One 仿真平台是 51World 公司自主研发的一款集多传感器仿真、车辆动力学仿真、道路与场景环境仿真、交通流与智能体仿真、感知与决策仿真、自动驾驶行为训练等技术于一体的自动驾驶仿真与测试平台。该仿真平台基于物理特性的机理建模，具有高精度和实时仿真的特点，用于自动驾驶产品的研发、测试和验证，可为用户快速积累自动驾驶经验，保证产品的安全性与可靠性，提高产品研发速度并降低开发成本。51Sim-One 仿真平台的应用领域如图 1-3-5 所示。

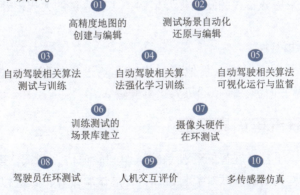

图 1-3-5　51Sim-One 仿真平台的应用领域

与 V-REP 和 Gazebo 仿真平台相比，51Sim-One 仿真平台是一款专门针对智能汽车开发的多用途仿真平台。它可以方便地进行高精地图的创建和编辑，能够较快地建立智能汽车的大型测试仿真场景，能够进行多传感器仿真、车辆动力学仿真、驾驶员在环测试、人机交互评价等。

51Sim-One 仿真平台具体功能如下。

（1）道路设施与环境数字化。

51Sim-One 仿真平台可基于高精度地图调用外部虚拟资源来生成场景的自动化方法，解决了超大规模虚拟场景建立的难题。51Sim-One 仿真平台配备 WorldEditor 高精地图编辑器。WorldEditor 是一款集自动驾驶仿真与规划决策系统所需要的高精地图文件的生成、编辑与保存等多项功能于一体的应用软件，支持在场景中自由地配置由全局交通流、独立的交通智能体及其他车辆、行人等要素来构建的动态场景，结合光照、天气等环境要素配置来呈现丰富多变的虚拟世界。

（2）动态场景与交通仿真。

51Sim-One 仿真平台内置交通数据驱动模块，可以加载动态的交通数据，实现智能汽车动态场景的构建和交通仿真。

（3）多传感器仿真。

51Sim-One 仿真平台传感器的多路仿真，用于感知系统算法的测试与训练，同时也支持各种硬件在环的测试需求。它提供摄像头、激光雷达、毫米波雷达、惯性测量单元（IMU）和全球定位系统（GPS）等常用传感器。

（4）车辆动力学仿真。

51Sim-One 仿真平台提供了一套简单的动力学系统，可以自定义车辆动力学的各种参数，包括车辆的外观尺寸，以及动力总成、轮胎、转向系统与悬挂特性等。同时，51Sim-One 还支持接入第三方软件（如 CarSim、CarMaker、VI-CarRealTime 的动力学模块）来完成更复杂的动力学模拟。

（5）大数据与车路协同。

51Sim-One 仿真平台可以在实车测试场景中对测试进行全过程信号虚拟输入，以整车在环方式将车辆状态数据实时反馈到虚拟场景控制器，从而实现自动驾驶车辆在真实道路上的虚拟场景测试，而且采用分布式的硬件集群架构，实现算法的大规模并行计算加速测试、无人值守与自动评价。

（6）控制系统解耦对接。

51Sim-One 仿真平台可以接入其他接口来对车辆进行控制，包括 Matlab、基于 ROS、Protobuf 的接口，以及方向盘、模拟器等人工驾驶输入。

三、智能网联汽车仿真流程

智能驾驶仿真测试平台开展智能驾驶系统试验和验证仿真测试，遵循如图 1-3-6 所示的开发和设计模式。首先明确测试对象与目标，开展试验设计，针对智能驾驶测试需求建立场景模型工况和被测车辆模型，再将仿真结果和实际结果进行对比分析，最后进行总体评价。

下面以 51Sim-One 仿真平台为例讲解智能网联汽车仿真流程。

如图 1-3-7 所示，智能网联汽车仿真流程主要包括静态场景搭建、主车配置、交通流配置，以及案例运行、监测与回放并生成仿真报告。

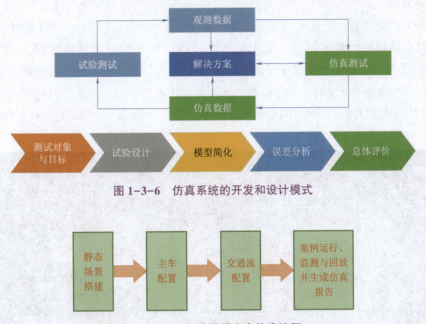

图 1-3-6 仿真系统的开发和设计模式

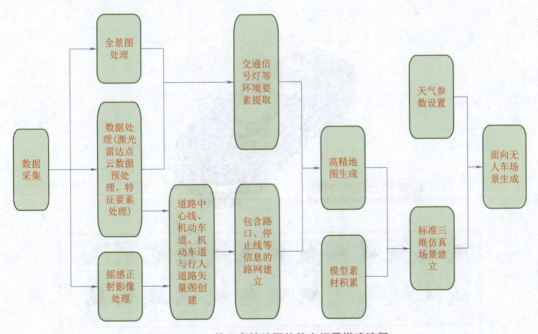

图 1-3-7 智能网联汽车仿真流程

1. 静态场景搭建

在静态场景搭建方面，可以通过 WorldEditor 快速地从无到有创建基于 OpenDrive 的路网，或者通过点云数据和地图影像等真实数据还原路网信息。支持导入已有的 OpenDrive 格式文件进行二次编辑，最终由 51Sim-One 仿真平台自动生成所需要的静态场景。基于高精地图的静态场景搭建流程如图 1-3-8 所示。

图 1-3-8 基于高精地图的静态场景搭建流程

2. 主车配置

51Sim-One 仿真平台配备有主车资源库，主车资源库可以进行主车资源配置，包括传感器（主要包括摄像头、激光雷达、毫米波雷达、IMU 和 GPS、其他传感器）、动力学模型（51Sim-One 仿真平台的动力学模型可由 Carsim 软件导入）和控制系统。传感器主要用于传感器仿真，动力学模型用于车辆动力学仿真，控制系统代表仿真平台接入的自动驾驶控制系统或人工驾驶系统。车辆的动力学模型构建示意和传感器配置示意分别如图 1-3-9 和图 1-3-10 所示。

图 1-3-9　车辆的动力学模型构建示意

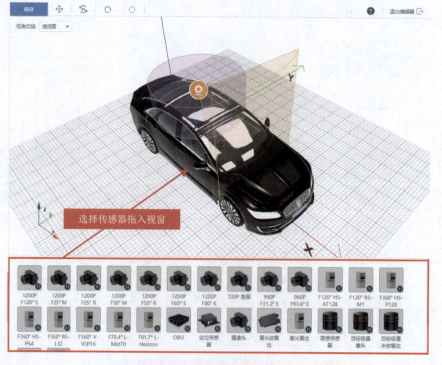

图 1-3-10　传感器配置示意

3. 交通流配置

交通流配置主要包括行人、机动车、非机动车、信号灯的配置及其触发器的设置。交通流的配置流程如图 1-3-11 所示。

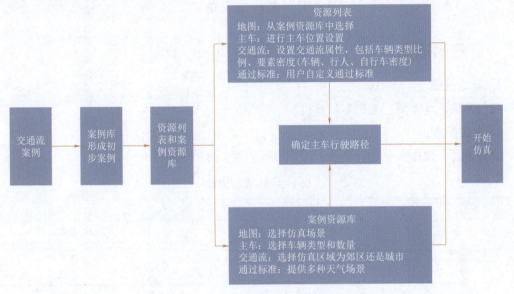

图 1-3-11 交通流的配置流程

4. 案例运行、监测与回放

运行、监测案例，并生成仿真报告，需要时可进行案例回放。案例仿真示意如图 1-3-12 所示。

图 1-3-12 案例仿真示意

任务实施

实训　驾驶场景仿真

一、任务准备

1. 场地设施

智能网联汽车1辆，笔记本计算机。

2. 学生组织

分组进行，使用实车进行训练。实训内容如表1-3-1所示。

表1-3-1　实训内容

时间	任务	操作对象
0~10 min	组织学生讨论为什么要进行仿真测试	教师
11~30 min	了解仿真平台和一般的仿真流程	学生
31~40 min	教师点评和讨论	教师

二、任务实施

1. 开展实训任务

（1）检查智能网联汽车测试场地整体情况。

（2）体验某款智能网联汽车仿真平台。

（3）对比分析实车测试和仿真测试的优缺点。

2. 检查实训任务

单人实操后完成实训工单（见表1-3-2），请提交给指导教师，现场完成后教师给予点评，作为本次实训的成绩计入学时。

表1-3-2　驾驶场景仿真实训工单

实训任务					
实训场地		实训学时		实训日期	
实训班级		实训组别		实训教师	
学生姓名		学生学号		学生成绩	
实训准备	实训场地准备				
	1. 正确清理实训场地杂物（□是　□否）				
	2. 正确检查安全情况（□是　□否）				
	防护用品准备				
	1. 正确检查并佩戴劳保手套（□是　□否）				
	2. 正确检查并穿戴工作服（□是　□否）				
	3. 正确检查并穿戴劳保鞋（□是　□否）				

续表

实训准备	车辆、设备、工具准备
	1. 测量设备（□是　□否） 2. 工具车（□是　□否）
	车辆基本检查
	1. 正确检查并确认电子手刹和挡位位置（□是　□否） 2. 正确检查冷却液液位（□是　□否） 3. 正确检查机油液位（□是　□否） 4. 正确检查制动液液位（□是　□否） 5. 正确检查蓄电池电压是否正常（□是　□否）

实训过程	操作步骤	考核要点
	1. 实训开始前穿戴好个人防护用品 2. 检查确认车辆状态正常 3. 检查智能网联汽车测试场地整体情况 4. 体验某款智能网联汽车仿真平台 5. 比较实车测试和仿真测试的优缺点，填写在实训工单的实车测试和仿真测试优缺点比较栏中	1. 正确穿戴劳保手套、工作服、劳保鞋（□是　□否） 2. 检查确认车辆状态正常（□是　□否） 3. 检查智能网联汽车测试场地整体情况（□是　□否） 4. 能够认真体验某款仿真平台（□是　□否） 5. 能够比较出实车测试和仿真测试的优缺点（□是□否）
	实车测试和仿真测试优缺点比较	

3. 技术参数准备

以智能网联汽车维修手册及行业维修标准为主。

4. 核心技能点准备

（1）准确、完整地分析场景要素。

（2）实训时严格按要求操作，并穿戴相应防护用品（工作服、劳保鞋、劳保手套等）。

（3）可以分析出实车测试和仿真测试的优缺点。

5. 作业注意事项

不要随意触摸相关设备。

任务评价

任务完成后填写任务评价表1-3-3。

表1-3-3　任务评价表

序号	评分项	得分条件	分值	评分要求	得分	自评	互评	师评
1	安全/7S/态度	作业安全、作业区7S、个人工作态度	15	未完成1项扣1~3分，扣分不得超15分		□熟练 □不熟练	□熟练 □不熟练	□合格 □不合格
2	专业技能能力	正确穿戴个人防护用品	5	未完成1项扣1~5分，扣分不得超45分		□熟练 □不熟练	□熟练 □不熟练	□合格 □不合格
		正确认识智能网联汽车仿真测试的特点和优点	10					
		正确说出常见的仿真平台名称	10					
		可以说出一般智能网联汽车仿真平台的功能	10					
		可以说出智能网联汽车仿真的一般流程	10					
3	工具及设备使用能力	测量设备	5	未完成1项扣1~5分，扣分不得超5分		□熟练 □不熟练	□熟练 □不熟练	□合格 □不合格
		工具车	5	未完成1项扣1~5分，扣分不得超5分		□熟练 □不熟练	□熟练 □不熟练	□合格 □不合格
4	资料、信息查询能力	其他资料信息检索与查询能力	10	未完成1项扣1~5分，扣分不得超10分		□熟练 □不熟练	□熟练 □不熟练	□合格 □不合格
5	数据判断和分析能力	数据读取、分析、判断能力	10	未完成1项扣1~5分，扣分不得超10分		□熟练 □不熟练	□熟练 □不熟练	□合格 □不合格
6	表单填写与报告撰写能力	实训工单填写	10	未完成1项扣0.5~1分，扣分不得超10分		□熟练 □不熟练	□熟练 □不熟练	□合格 □不合格
总分：								

试题训练

一、判断题

1. 与仿真测试相比，实车测试具有高效性、低成本、试验周期短等优势。（　　　）

2. 目前常见的仿真平台有 Gazebo、V-REP、PreScan、51Sim-One 等。（　　　）

3. 智能网联汽车仿真不能推进自动驾驶技术的发展。（　　　）

4. 数字孪生虚拟仿真技术，能实现虚拟场景与物理模型的高精度映射。（　　　）

5. 仿真实验场景的设置不需要考虑车辆测试的实际功能需求。（　　　）

二、单项选择题

1. 智能网联汽车仿真具有一些优点，但不包括（　　　）。

A. 效率高 　　　　B. 低成本 　　　　C. 试验周期短 　　　　D. 无标准

2. 下列选项中，（　　　）不是智能网联汽车仿真平台。

A. Gazebo 　　　　B. V-REP 　　　　C. PreScan 　　　　D. Matlab

3. 在 51Sim-One 仿真平台中，（　　　）不属于智能网联汽车仿真流程。

A. 静态场景搭建 　　B. 主车配置 　　　C. 交通流配置 　　　D. 数据采集

4. （　　　）不是 51Sim-One 仿真平台具有的功能。

A. 道路设施与环境数字化 　　　　　　B. 动态场景与交通仿真

C. 多传感器仿真 　　　　　　　　　　D. 边界场景自适应生成

5. 在《中国制造 2025》规划中，（　　　）年，我国掌握自动驾驶总体技术及各项关键技术，建立较完善的智能网联汽车自主研发体系、生产配套体系及产业群，基本完成汽车产业转型升级。

A. 2020 　　　　　B. 2025 　　　　　C. 2030 　　　　　D. 2035

三、简答题

某公司将要对一款智能网联汽车进行测试，测试工况较为极端，且需要大量重复测试，为了节约成本，同时保障测试人员安全，应该使用什么方法进行测试？试选取合适的测试方法，并写出总体测试流程。

项目二　环境感知技术

工作情境描述

　　一辆中型无人车搭载了视觉传感器、激光雷达等车载传感器，计划在学校内部进行车辆运行测试。校园内路口设置了红绿灯并且经常有行人和车辆通过，需要让无人车在校园内正常行驶，做到自动识别红绿灯和自动避障。本项目主要介绍视觉传感器函数和模块、视觉传感器实例应用、激光雷达检测函数和模块、激光雷达实例应用。通过本项目的学习，学生将全面掌握视觉传感器和激光雷达的安装方法，视觉传感器和激光雷达联合标定的方法以及红绿灯识别的原理与实现方法。

学习任务一　视觉传感器函数和模块认知

任务描述

环境感知技术是智能网联汽车的关键技术，通过本任务的学习，让学生对环境感知技术有初步的了解，并对视觉传感器函数和模块认知有所了解。

任务目标

知识目标

1. 了解环境感知技术的概念及对象。
2. 了解视觉传感器函数和模块认知。
3. 能够在已掌握的知识基础上自主学习新技术、新知识。

技能目标

1. 正确识别智能网联汽车上的各种传感器。
2. 根据决策控制系统的需求选择对应的车载传感器。

素质目标

1. 遵守职业道德，树立正确的价值观。
2. 引导崇尚劳动精神，逐步提升服务社会的意识。
3. 弘扬工匠精神，塑造精益求精的品质。
4. 培养协同合作的团队精神，自觉维护组织纪律。

任务导入

环境感知技术是智能网联汽车的关键技术，是保证智能网联汽车实现环境建模、车辆定位、路径规划等车辆自主导航控制最基本的前提。驾驶员通过眼睛、耳朵等五官获取行车环境的信息，并作出相应的决策，其中视觉获取的信息达到 90% 以上。智能网联汽车则利用环境感知传感器实现对行车环境的感知，其中视觉传感器（摄像头）是不可或缺的组成部分，它相当于驾驶员的眼睛，是自动驾驶技术发展的重点。

知识准备

车辆环境感知技术

一、环境感知技术概论

环境感知是利用车载视觉传感器、激光雷达、毫米波雷达以及 V2X 通信技术等获取道路、车辆位置和障碍物的信息，并将这些信息传输给车载控制器，为智能网联汽车提供决策依据。

二、常用的环境感知传感器

1. 环境感知传感器的分类

环境感知技术是智能网联汽车技术的一个重要组成部分，可以这样说，智能网联汽车技术没有环境感知技术，就像人没有视听觉一样。智能车辆靠一些外在传感器来识别环境，目前常用的环境感知传感器包括视觉传感器、激光雷达、毫米波雷达等，如图 2-1-1 所示。

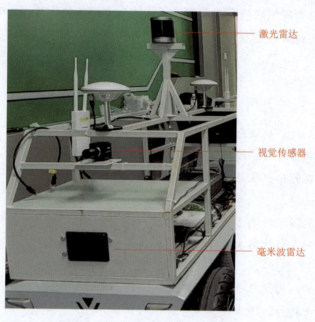

图 2-1-1　目前常用的环境感知传感器

环境感知传感器的分类

2. 环境感知传感器的选择

由于环境感知传感器各有不同，因此智能车辆需要从技术上对环境感知传感器进行选择，主要有以下筛选条件。

（1）扫描范围：决定了传感器对被感知目标做出反应的时间。

（2）分辨率：决定了传感器可以为智能网联汽车提供的环境细节。

（3）视场角分辨率：决定了智能车辆需要多少传感器来覆盖感知的区域。

（4）感知目标数量：能够区分三维环境中的静态目标和动态目标的数量，并且确定需要跟踪的目标数量。

（5）刷新率：决定了传感器信息更新的频率。

（6）可靠性和准确性：传感器在不同环境条件下的总体可靠性和准确性。

（7）成本、尺寸和软件兼容性：是环境感知传感器量产的技术条件之一。

（8）生成的数据量：决定了车载计算单元的计算量，现在的传感器偏向智能传感器，不仅能感知，还会分辨信息，把对车辆行驶影像最重要的数据传输给车载计算单元，从而减少其计算负荷。

3. 环境感知传感器的应用

三种常用环境感知传感器的应用如图 2-1-2 所示。

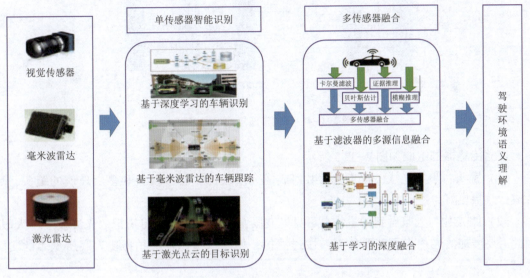

图 2-1-2　三种常用环境感知传感器的应用

三、视觉传感器的概述

1. 视觉传感器的组成与功能

视觉传感器（见图 2-1-3）是自动驾驶的核心传感器之一，由镜头、镜头模组、滤光片、感光元件（CMOS/CCD）、图像信号处理器（ISP）和数据传输部分组成。它利用光学成像的原理，当物体表面反射出的光线透过摄像头后，被感光元件（CMOS/CCD）捕获，感光元件（CMOS/CCD）可以将捕获的光信号转换为模拟电信号，再根据像素分布、亮度和颜色等信息，通过模数转换器转变为数字信号，最后 ISP 对这些数字信号进行图像滤波与增强、灰度处理、自适应二值化、深度学习等算法处理，智能网联汽车就可以通过摄像头采集的图像信息实现对周围环境的感知。例如，车辆、行人等道路使用者的监测，车道线监测，交通标志监测，红绿灯监测等。视觉传感器的识别流程如图 2-1-4 所示。

图 2-1-3　视觉传感器

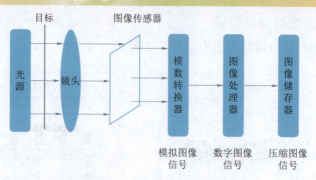

图 2-1-4　视觉传感器的识别流程

视觉传感器的组成如图 2-1-5 所示。

（1）镜头：聚集光线，把景物投射到成像介质表面，有单镜头和多层玻璃的镜头，后者成像效果更好。

（2）滤光片：人眼看到的景物是可见光波段，而图像传感器可辨识的光波段多于人眼，因此需要增加滤光片将不需要的光波段过滤掉，使图像传感器能拍摄比人眼所见多的实际景物。

（3）感光元件（CMOS/CCD）：即成像介质，将镜头投射到其表面的图像（光信号）转换为电信号。

（4）线路基板：将图像传感器的电信号传输到后端，针对车载摄像头的线路基板电路复杂，需要把并行的摄像头信号转为串行传输，这样抗干扰能力更强。

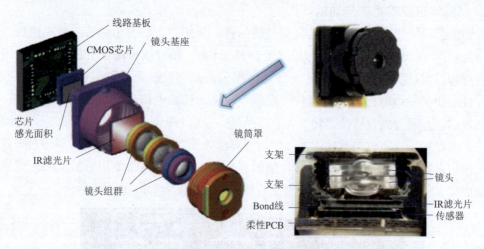

图 2-1-5　视觉传感器的组成

2. 视觉传感器参数指标

视觉传感器主要有以下几个参数指标。

（1）焦距：一般焦距的选择和视场角有关，可以根据传感器布局和作用选择合适的焦距。

（2）视场角：即视觉传感器的成像视野，可分为垂直视场角（HFOV）和水平视场角（VFOV）。

（3）分辨率：即像素，一般分辨率越高，图像越清晰。通常根据功能和需求来选择分辨率的大小，分辨率越高，对控制器的计算力要求越高。目前常用的分辨率是 200 W（1 920×1 080）、500 W（2 560×2 048）、800 W（3 200×2 400）。

（4）信噪比：是指信号电压与噪声电压的比值，用 S/N 表示，单位为 dB。信噪比越大，表明产生的杂波信号越少，图像的信号质量越好。对于视觉传感器的使用者而言，信噪比最直观的表现是暗光场景的成像质量。如果暗光场景拍摄的图片的雪花状噪点越少，说明视觉传感器的信噪比越大。车载视觉传感器可以接受的信噪比大于 40 dB，当信噪比达到 55 dB 的时候，噪点基本看不出来。

（5）动态范围：是指拍摄的同一个画面内，能正常显示细节的最亮物体和最暗物体的亮度值大小的范围。动态范围越大，过亮或过暗的物体在同一个画面中能正常显示的效果越好。一般车载视觉传感器要有较大的动态范围。

3. 视觉传感器车规性能要求

智能网联汽车的视觉传感器与常见的视觉传感器最大的区别是车规级，它代表更加严格的性能要求。因为汽车产品会经常遭遇一些极端环境，如高温、严寒等，车规要求汽车的零部件在这些极端环境下也能够使用。对于车载视觉传感器而言，其车规要求主要包括以下方面。

（1）耐高低温：在 −40~85 ℃ 范围内能够正常工作，并且能够适应温度的剧烈变化。

（2）抗振性：车辆在不平坦的路面行驶经常会产生较强的振动，因此车载视觉传感器必须能够抵抗各种强度的振动。

（3）电磁辐射的抗扰性：车辆启动会产生较强的电磁脉冲，因此车载视觉传感器需要较高的电磁辐射的抗扰性。

（4）防水：车载视觉传感器的密封要非常严密，能够抵抗雨水浸泡。

（5）使用寿命：8~10 年。

（6）高动态：车载视觉传感器面对的环境光线强度变化通常比较剧烈，因此需要感光元件（CMOS/CCD）具有较大的动态范围。

（7）低噪点：车载视觉传感器要求在光线较暗的场景下成像，以有效抑制噪点，特别是在夜间工作的侧视和后视摄像头而言。

4. 视觉传感器的分类和应用

视觉传感器按照安装位置不同可以分为前视、侧视、后视、环视和内置摄像头等，它们作用分别如下。

（1）前视摄像头：一般在先进驾驶辅助系统（ADAS）或自动驾驶中作为主摄像头使用，安装位置在汽车前挡风玻璃的上方，可以实现障碍物、车道线、路肩、交通信号灯、交通标识牌和可行驶区域的识别。

（2）侧视摄像头：有 3 个安装位置，即后视镜、车辆 B 柱和车辆后方翼子板处，用于侧向障碍物监测、盲区监测等。

（3）后视摄像头：安装在车辆后备厢上，可用于实现泊车辅助功能。

（4）环视摄像头：安装在车身四周，一般使用 4~8 个鱼眼摄像头，用于实现 360° 全景影像、车位监测、低速感知功能。

（5）内置摄像头：常见的安装位置有车辆 A 柱内侧、方向盘上、后视镜处，用于车内宠物、婴儿监测，驾驶员疲劳监测等。

目前带有 ADAS 和自动驾驶功能的汽车，大多配备 7~8 个，甚至十几个摄像头，如特斯拉 Model 3，全车配备了 8 个摄像头，用于实现上述的各种功能。其摄像头安装位置如图 2-1-6 所示。

● 摄像头的位置

图 2-1-6　特斯拉 Model 3 摄像头安装位置

5. 视觉传感器的优缺点

1）优点

首先，视觉传感器技术成熟、价格便宜，尤其是相较于目前市场上万元左右的激光雷达来说，以摄像头为主的视觉方案是自动驾驶车辆量产的首选。其次，视觉传感器采集的图像信息包含丰富的色彩、纹理、轮廓、亮度等信息，这些是激光雷达、毫米波雷达等传感器无法比拟的，如红绿灯监测、交通标志识别只能通过摄像头实现。

2）缺点

视觉传感器是一种被动式传感器，对光照变化十分敏感，在雨、雾、黑夜等因素影响下，视觉传感器的成像质量会大幅下降，使感知算法很难实现对物体的检测识别。此外，作为一个被动式传感器，视觉传感器在测距、测速性能表现上不如激光雷达和毫米波雷达。

6. 影响视觉传感器工作的因素

在视觉传感器工作过程中，需要注意以下因素，以免对视觉传感器的正常工作造成影响。

1）天气变化

天气变化主要影响场景的光线强度变化状况。光源直射角度及物体的反光会引起摄像头过度曝光，而光线过暗又会产生摄像头曝光不足，这些都会在拍摄的图像中产生无纹理的高光或低光区域。

2）车辆运动速度

车辆运动速度大小与图像质量成反比。当车辆运动速度较小时，图像质量接近摄像头静止时拍摄的图像质量，质量较好；当车辆运动速度较大时，受摄像头拍摄帧频限制，会在拍摄的图像上产生运动模糊，失去纹理特征或产生错误纹理。车辆运动速度越大，拍摄的图像质量越差，对视觉算法实时性要求越高。

3）车辆运动轨迹

车辆运动轨迹主要分为直线与曲线。当车辆运动轨迹为直线时，摄像头前后帧图像中特征匹配重叠率较高，摄像头水平面基本与地面平行；当车辆运动轨迹为曲线时，由于车辆转弯时的惯性作用，因此车辆将会出现侧倾现象，使摄像头水平面倾斜于水平地面，从而降低匹配重叠率，同时对特征形状造成影响。

4）随机扰动

随机扰动包括车辆轮胎的滑移及地面颠簸抖动，它们将使视觉图像产生运动模糊。

5）摄像头安装位置

摄像头安装位置分车内与车外、仰角与俯角。由于车辆一般行驶在室外阳光下，因此安装在车外的摄像头只需根据环境光照强度进行调节即可；而安装在车内的摄像机可能受到车内阴影的干扰，当拍摄外部环境图像时会产生过光或曝光不足的现象。同时，由于环境中光照强度不均匀，因此地面上会出现高低光区域，如光斑等。摄像头拍摄时俯仰角越小，对光照强度的要求越高，越容易出现过光或曝光不足。由于视觉图像中像素精度与距离成反比，故摄像头拍摄角度越平行于路面，图像的精度越低。

四、车道线检测函数和模块认知

车道线检测方法有很多种，按照图像视图分类，可以分为直接在原始视图上进行车道线检测，以及变换到鸟瞰图之后再进行车道线检测。

要对车道线进行描述，需要先建立车道线模型，包括参数模型、半参数模型、非参数模型。对车道线模型的拟合，可以采用传统方法，如 Hough 变换等；也可以采用机器学习方法，如深度学习等。

下面以在图像原始视图中用 Hough 变换方法拟合直线车道线为例进行介绍。

首先，介绍直线的表示方法。

方法 1：用 $y = ax + b$ 表示。那么，只需要 a、b 两个参数，就可以表示一条直线。

方法 2：用 $\rho = x\cos\theta + y\sin\theta$ 表示。假设图 2-1-7 中直线到原点距离为 ρ_1，且画出原点到直线的最短距离线段，该线段与 x 轴的夹角为 θ_1，那么对于图 2-1-7 中的这条直线，可以用 ρ_1、θ_1 两个数来唯一表示。ρ_1、θ_1 对应 ρ-θ 坐标系中的一个点，因而可以用 ρ-θ 坐标系中的一个点来表示直角坐标系中的一条直线，那么在 ρ-θ 坐标系中，用什么来表示直角坐标系中的一个点？

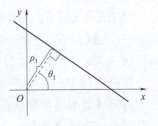

图 2-1-7 直角坐标系

假设直角坐标系中有一点［见图 2-1-8（a）中粗圆点］，经过这一点可以有一条直线，这条直线在 ρ-θ 坐标系［见图 2-1-8（b）］中对应坐标为（ρ_1，θ_1）；同时经过这一点还可以有另一条直线，这条直线在 ρ-θ 坐标系中对应坐标为（ρ_2，θ_2）；继续找出经过这一点的一条直线，这条直线在 ρ-θ 坐标系中对应坐标为（ρ_3，θ_3）。经过一个点可以有无数条直线，那么对应在 ρ-θ 坐标系中可以有无数个点，这些点连起来是一条曲线。ρ-θ 坐标系中的这条曲线，表达式为 $\rho = x\cos\theta + y\sin\theta$，式中 x、y 即原来直角坐标系中点的坐标。

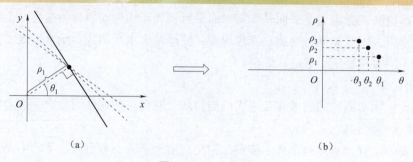

（a）

（b）

图 2-1-8　坐标系

（a）直角坐标系；（b）ρ-θ 坐标系

　　如图 2-1-9 所示，图像空间中的一条直线经过 Hough 变换映射到参数空间中为一个点，图像空间中的一个点经过 Hough 变换映射到参数空间则成为一条曲线。

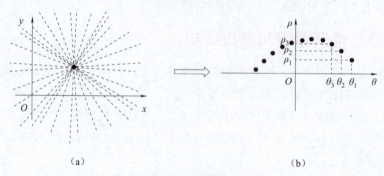

（a）

（b）

图 2-1-9　坐标系变换

（a）直角坐标系；（b）ρ-θ 坐标系（Hough 空间）

　　对于直角坐标系中的其他点，也可以变换到 ρ-θ 坐标系中成为一条曲线。如果直角坐标系中的这些点在同一条直线上，那么它们变换成的曲线在 ρ-θ 坐标系中会交于一点。找到这一点，再把这一点反向变换到直角坐标系中，就是经过图 2-1-10（a）中 3 个粗圆点的那条直线。

　　实际进行 Hough 变换时，还需要进行离散化。因为图像像素是离散的，经过一个像素点实际不可能画出无数条直线，而是每隔一定角度间隔取一条直线，因此变换到 ρ-θ 坐标系中是得到一个个离散的点，θ 和 ρ 也是离散的，如图 2-1-10（b）所示。

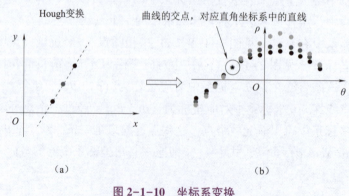

（a）

（b）

图 2-1-10　坐标系变换

（a）直角坐标系；（b）ρ-θ 坐标系（Hough 空间）

对于二值图像上的每一个白色点 (x, y)，给定一系列离散的 θ 值，可以求出对应的 ρ 值。所有点计算完成后，统计排序可以得到表 2-1-1。数量表示 (ρ, θ) 取值相同的个数，统计数值大的点，对应着待求的直线。

表 2-1-1　二值图像坐标点统计表

排序	ρ	θ	数量/个
1	311	56	123
2	47	311	93
3	55	312	63
4	309	55	58
5	48	311	55
6	56	312	48
7	38	310	47
8	311	57	42
9	57	312	41
10	310	56	38

实际上会求出多条直线，其中包括了车道线。因此，在用 Hough 变换检测车道线的过程中，还需要融合一些先验知识，车道线可能出现的位置有一个范围，这个范围称为感兴趣区域，只对该区域进行 Hough 变换。例如，车辆直行时，车道线的角度通常会在一个较小的范围内，因此可以在统计时排除掉这个角度范围外的 θ。对序列连续图像检测车道线，还可以通过一些办法提高检测结果稳定性。例如，根据之前几帧的检测结果，适当减小统计区域，以及利用卡尔曼滤波算法提高检测稳定性。

下面介绍用 Matlab 检测车道线的一个示例。图 2-1-11 所示为一张车载摄像头输出的图片。

图 2-1-11　车载摄像头输出的图片

（1）使用 imread( ) 函数读取图像，然后将图像灰度化，语句如下，结果如图 2-1-12 所示。

```
srcImage=imread('lane.jpg');% 读取图像
grayImage=rgb2gray(srcImage);% 灰度化
```

图 2-1-12　读取图像结果

（2）使用 medfilt2( )函数进行中值滤波，滤波核尺寸为 9×9，语句如下，结果如图 2-1-13 所示。

```
denoisedImage=medfilt2(grayImage,[9,9]);% 中值滤波
```

图 2-1-13　中值滤波结果

（3）使用 Sobel 算子进行边缘增强，语句如下，结果如图 2-1-14 所示。

```
H=fspecial('sobel');% 预定义边缘增强算子为 Sobel 算子
sobelImage=imfilter(denoisedImage,H);% 采用 Sobel 算子突出边缘
```

图 2-1-14　边缘增强结果

（4）通过最大类间方差法（Otsu）选取阈值，并将图像二值化，语句如下，结果如图 2-1-15 所示。

```
thresh=graythresh(sobelImage);% 通过 Otsu 方法获得阈值
binaryImage=imbinarize(sobelImage,thresh);% 图像二值化
```

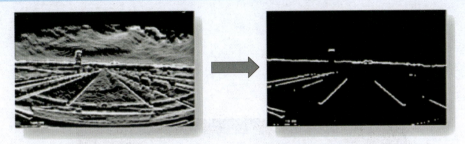

图 2-1-15　图像二值化结果

（5）进行 Hough 变换，选择在 Hough 空间中统计出前 5 个最大值点，然后求出对应图像中的直线段。参数 FillGap 为 20，表示如果两条直线段的距离小于 20 像素，那么就把它们合并为一条直线段。MinLength 为 40，表示如果直线段的长度小于 40 像素，就舍弃这条直线段。语句如下。

```
[H,theta,rho]=Hough(binaryImage);% Hough 变换
p=Houghpeaks(H,5,'threshold',ceil(0.3*max(H(:))));% 获取 Hough 空间中前 5 个最大
值点
lines=Houghlines(binaryImage,theta,rho,p,'FillGap',20,'MinLength' 40);
% 将 Hough 空间中的最大值转换为图像中的直线段
```

（6）Hough 变换检测出很多条直线段，可以根据车道线的长度、斜率等假设条件筛除一些不符合长度阈值、斜率阈值的直线段，并把筛选后的直线段画在图像上。语句如下。

```
    continue;
end
slope=(xy(1,2)-xy(2,2))/(xy(1,1)-xy(2,1));% 斜率
% 根据线段斜率筛除一部分线段
if abs(slope)<slope_thred
    continue;
end
% 在图像上画出车道线
xx=[xy(1,1),xy(2,1)];
yy=[xy(1,2),xy(2,2)];
line(xx,yy,'Linewidth',2 ,'color','green');
end
```

```
line_length thred=100;% 车道线长度值
slope_thred=0.3;% 车道线斜率阈值
imshow(srcImage);
```

```
for k=1:length(lines)
    xy=[lines(k).point1;lines(k).point2];%线段两个端点的坐标
    line_length=sqrt((xy(1,1)-xy(2,1))*(xy(1,1)-xy(2,1))+(xy(1,2)-xy(2,2))*
(xy(1,2)-xy(2,2)));%线段长度
    %根据线段长度筛除一部分线段
    if(line_length<line_length_thred)
```

Hough 变换检测结果如图 2-1-16 所示。

图 2-1-16   Hough 变换检测结果

如果不筛选,可能会有很多不是车道线的直线段也被检测出来。

图 2-1-17 所示为车道线检测结果。实际车道线的检测,要想达到准确、稳定的效果,可以增加一些约束。例如,根据国家标准,车道宽度和车道线宽度有一定的规格要求。而且,当行驶在水平路面上时,由于摄像头相对于路面的视角是基本不变的,所以图像中两条车道线的交点,即消失点(也称灭点),在图像中的位置也基本不变。知道了灭点的位置、车道宽度、车道线宽度等信息,就可以限定一个车道线可能出现的区域,然后只在这个区域中检测车道线。

图 2-1-17   车道线检测结果

任务实施

实训　车辆上各种传感器的识别

一、任务准备

1. 场地设施

带有各种传感器的智能网联小车 4 辆。

2. 学生组织

分组进行，使用实车进行训练。实训内容如表 2-1-2 所示。

表 2-1-2　实训内容

时间	任务	操作对象
0~10 min	组织学生讨论智能网联汽车上各种传感器的分类和选择	教师
11~30 min	车辆上各种传感器的识别	学生
31~40 min	教师点评和讨论	教师

二、任务实施

1. 开展实训任务

（1）说出智能网联汽车上常用的环境感知传感器。

（2）对照车辆指出毫米波雷达、视觉传感器、激光雷达等传感器的位置。

（3）说出视觉传感器按照安装位置的分类及应用。

2. 检查实训任务

单人实操后完成实训工单（见表 2-1-3），请提交给指导教师，现场完成后教师给予点评，作为本次实训的成绩计入学时。

表 2-1-3　车辆上各种传感器的识别实训工单

实训任务					
实训场地		实训学时		实训日期	
实训班级		实训组别		实训教师	
学生姓名		学生学号		学生成绩	
实训准备	实训场地准备				
	1. 正确清理实训场地杂物（□是　□否） 2. 正确检查安全情况（□是　□否）				
	车辆、设备、工具准备				
	智能网联小车（□是　□否）				

实训准备	车辆基本检查	
	1. 正确检查并确认车辆上下电是否正常（□是　□否）	
	2. 正确检查车辆遥控器电池电压是否正常（□是　□否）	
	3. 正确检查车辆电池电压是否正常（□是　□否）	
	操作步骤	考核要点
实训过程	1. 检查确认车辆状态正常	1. 检查确认车辆状态正常（□是　□否）
	2. 说出智能网联汽车上常用的环境感知传感器	2. 正确说出智能网联汽车上常用的环境感知传感器（□是　□否）
	3. 对照车辆指出毫米波雷达、视觉传感器、激光雷达等传感器的位置	3. 对照车辆正确指出毫米波雷达、视觉传感器、激光雷达等传感器的位置（□是　□否）
	4. 说出视觉传感器按照安装位置的分类及应用	4. 正确说出视觉传感器按照安装位置的分类及应用（□是　□否）

3. 技术参数准备

激光雷达使用手册、毫米波雷达使用手册、视觉传感器使用手册等。

4. 核心技能点准备

了解智能网联汽车上各种传感器的分类和选择。

5. 作业注意事项

不要随意触摸视觉传感器的镜头。

任务评价

任务完成后填写任务评价表 2-1-4。

表 2-1-4　任务评价表

序号	评分项	得分条件	分值	评分要求	得分	自评	互评	师评
1	安全/7S/态度	作业安全、作业区7S、个人工作态度	15	未完成1项扣1~3分，扣分不得超15分		□熟练 □不熟练	□熟练 □不熟练	□合格 □不合格
2	专业技能能力	正确检查车辆状态	5	未完成1项扣1~5分，扣分不得超45分		□熟练 □不熟练	□熟练 □不熟练	□合格 □不合格
		正确说出智能网联汽车上常用的环境感知传感器	15					
		对照车辆正确指出毫米波雷达、视觉传感器、激光雷达等传感器的位置	15					
		正确说出视觉传感器按照安装位置的分类及应用	10					
3	工具及设备使用能力	智能网联小车	10	未完成1项扣1~5分，扣分不得超10分		□熟练 □不熟练	□熟练 □不熟练	□合格 □不合格

续表

序号	评分项	得分条件	分值	评分要求	得分	自评	互评	师评
4	资料、信息查询能力	其他资料信息检索与查询能力	10	未完成 1 项扣 1~5 分，扣分不得超 10 分		□熟练 □不熟练	□熟练 □不熟练	□合格 □不合格
5	数据判断和分析能力	数据读取、分析、判断能力	10	未完成 1 项扣 1~5 分，扣分不得超 10 分		□熟练 □不熟练	□熟练 □不熟练	□合格 □不合格
6	表单填写与报告撰写能力	实训工单填写	10	未完成 1 项扣 0.5~1 分，扣分不得超 10 分		□熟练 □不熟练	□熟练 □不熟练	□合格 □不合格
总分：								

试题训练

一、判断题

1. 对于视觉传感器来说，环境光照强度越大越好。（　　　）

2. 环境感知技术是智能网联汽车技术的一个重要组成部分。（　　　）

3. 视觉传感器在测距、测速性能上的表现不如激光雷达和毫米波雷达。（　　　）

4. 对于视觉传感器来说，一般焦距越大，图像越清晰。（　　　）

5. 对于视觉传感器来说，一般分辨率越高，图像越清晰。（　　　）

二、选择题（多选/单选）

1. 视觉传感器根据安装位置可分为（　　　）。

A. 前视摄像头　　　　B. 侧视摄像头　　　　C. 后视摄像头

D. 环视摄像头　　　　E. 内置摄像头

2. 视觉传感器由（　　）组成。

A. 镜头　　　　　　　　　　　　　B. 滤光片

C. COMS 芯片　　　　　　　　　　D. 线路基板

3. 环境感知传感器包括（　　　）。

A. 视觉传感器　　　　B. 激光雷达　　　　C. 毫米波雷达

4. 智能网联汽车的视觉传感器与常见的视觉传感器的区别是（　　　）。

A. 车规级　　　　　　B. 毫米级　　　　　C. 微米级

5. 影响视觉传感器工作的因素有（　　　）。

A. 天气变化　　　　　B. 车辆运动速度　　　C. 车辆运动轨迹

D. 随机扰动　　　　　E. 摄像头安装位置

三、简答题

说出 3 种车道线检测用到的方法，并简述其作用。

学习任务二　视觉传感器实例应用

任务描述

一辆智能网联汽车已经具备了交通信号灯识别的功能，学生需要根据实训要求，启动交通信号灯识别程序，实现单车自主模式交通信号灯识别。

任务目标

知识目标

1. 了解视觉传感器的组成和功能。

2. 了解视觉传感器的参数指标和车规性能要求。

3. 了解视觉传感器的分类、应用和优缺点。

技能目标

1. 能够说出智能网联汽车不同位置视觉传感器的作用。

2. 掌握在单车自主模式下实现交通信号灯识别的方法。

素质目标

1. 遵守职业道德，树立正确的价值观。

2. 引导崇尚劳动精神，逐步提升服务社会的意识。

3. 弘扬工匠精神，塑造精益求精的品质。

4. 培养协同合作的团队精神，自觉维护组织纪律。

任务导入

基于视觉传感器的识别技术起源于生物视觉，是基于机器视觉的理论知识，并结合光学、微电子技术、计算机技术等知识形成的。对于自动驾驶的感知系统，视觉传感器是不可或缺的组成部分，相当于驾驶员的眼睛，是自动驾驶技术发展的重点。通过视觉传感器感知环境，并结合其他传感器（激光雷达、毫米波雷达、定位设备、超声波雷达等）的感知信息，完成车辆对周围环境的识别。

知识准备

1. 交通信号灯识别的工作情境

基于色彩特征的识别方法在背景环境相对简单的情况下，能够有效地检测和识别出交通信号灯，如背景为天空。但对于背景环境相对复杂的情况，如城市道路环境，存在车辆、行人或广告牌等影响，基于色彩特征的识别方法很容易出现虚警现象。而基于形状特征的识别方法可有效地减少基于色彩特征识别出现的虚警，但需要建立形状特征规则。对于不同形式的交通信号灯来说，需要建立不同的形状特征规则，这无疑限制了算法的灵活性。基于模板匹配的识别方法同样需要建立不同形式的交通信号灯模板，或者建立多级的交通信号灯模板来实现对不同形式交通信号灯的识别。单一的方法不能很好地完成交通信号灯的识别，因此需要算法和形状特征相整合才能很好地适应环境的变化识别出不同形式的交通信号灯。

2. 交通信号灯识别系统结构

交通信号灯识别采用的系统结构可分为图像采集模块、图像预处理模块、识别模块、跟踪模块和分类器训练模块，其系统结构如图 2-2-1 所示。

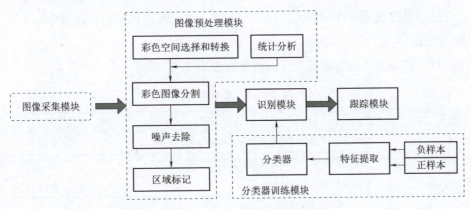

图 2-2-1　交通信号灯识别系统结构

1）图像采集模块

摄像头成像质量的好坏影响后续识别和跟踪的效果，摄像头的镜头焦距、曝光时间、增益、白平衡等参数的选择都对摄像头成像效果和后续处理有重要影响。

2）图像预处理模块

图像预处理模块包括彩色空间选择和转换、彩色空间各分量的统计分析、基于统计分析的彩色图像分割、噪声去除、基于区域生长聚类的区域标记，通过图像预处理得到交通信号灯的候选区域。

3）识别模块

识别模块包括离线训练和在线识别两部分。离线训练是指通过交通信号灯的样本和背景样本得到分类器，利用得到的分类器完成交通信号灯的检测，结合图像预处理模块得出的结果完成其识别功能。

4）跟踪模块

通过识别模块得到的结果可以获得跟踪目标，利用基于彩色的跟踪算法可以对目标进行跟踪，有效提高目标识别的实时性和稳定性。

5）分类器训练模块

分类器训练模块是机器学习中用于构建、训练和优化分类器的一个模块。分类器是一个模型，它能够根据输入数据的特征来预测一个类别标签。分类器训练模块的目标是通过使用已有的带标签的数据（训练数据），使分类器能够学习到如何从特征中判断出正确的类别。

任务实施

实训　交通信号灯识别

一、任务准备

1. 场地设施

带有交通信号灯识别程序的智能网联小车4辆，遵循国家标准的交通信号灯。

2. 学生组织

分组进行，使用实车进行训练。实训内容如表2-2-1所示。

表2-2-1　实训内容

时间	任务	操作对象
0～10 min	组织学生讨论常用环境感知传感器的应用	教师
11～30 min	启动实训小车、交通信号灯识别程序并测试	学生
31～40 min	教师点评和讨论	教师

二、任务实施

1. 开展实训任务

1）启动交通信号灯识别程序

（1）在主文件夹下打开 usb_ws 文件夹。

（2）点击鼠标右键出现"在终端打开"，打开命令行操作终端。

（3）输入"source devel/setup. bash"命令。

（4）输入"roslaunch pub_image..."命令，启动 USB 相机驱动（见图2-2-2）。

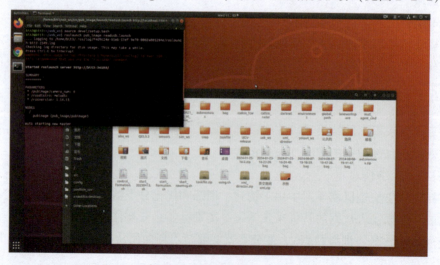

图2-2-2　操作窗口（1）

（5）在主文件下打开 yolov4_ws 文件夹。

（6）点击鼠标右键出现"在终端打开"，打开命令行操作终端（见图 2-2-3）。

图 2-2-3　操作窗口（2）

（7）输入"source devel/setup. bash"命令。

（8）输入"roslaunch detect. launch"命令，即可启动交通信号灯识别程序（见图 2-2-4）。

图 2-2-4　操作窗口（3）

2）实现单车自主模式交通信号灯识别

进入桌面，打开终端，在终端输入指令：bash start_20230413. sh。

（1）绑定 ip，此时在图 2-2-5 右侧地图中可以看到代表当前位置的红色箭头，拖动鼠标放大右侧的红色箭头，直至分辨率达到最大。

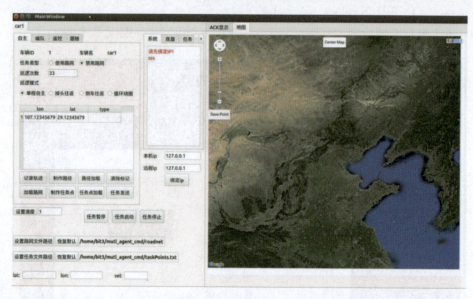

图 2-2-5　操作窗口（4）

（2）任务类型选中"禁用路网"单选按钮。

（3）巡航模式选中"单程自主"单选按钮。

（4）单击"制作路径"按钮。

（5）在红色箭头（代表当前位置）前方单击选点，第一个点的位置距离箭头大概 2 个光标的距离，其余点的间隔大概 3 个光标的距离。

（6）在右侧地图处点击鼠标右键，选择"保存"按钮。

（7）单击"路径加载"按钮。

（8）单击"任务发送"按钮。

（9）此时确认遥控器为遥控状态。

（10）单击"任务启动"按钮，切换无人驾驶。

视觉传感器的应用

2. 检查实训任务

单人实操后完成实训工单（见表 2-2-2），请提交给指导教师，现场完成后教师给予点评，作为本次实训的成绩计入学时。

表 2-2-2　交通信号灯识别实训工单

实训任务				
实训场地		实训学时		实训日期	
实训班级		实训组别		实训教师	
学生姓名		学生学号		学生成绩	

续表

	实训场地准备	
实训准备	1. 正确清理实训场地杂物（□是　□否） 2. 正确检查安全情况（□是　□否）	
	防护用品准备	
	1. 正确检查并佩戴劳保手套（□是　□否） 2. 正确检查并穿戴工作服（□是　□否） 3. 正确检查并穿戴劳保鞋（□是　□否）	
实训准备	车辆、设备、工具准备	
	智能网联小车（□是　□否）	
	车辆基本检查	
	1. 正确检查并确认车辆上下电是否正常（□是　□否） 2. 正确检查车辆遥控器电池电压是否正常（□是　□否） 3. 正确检查车辆电池电压是否正常（□是　□否）	
实训过程	操作步骤	考核要点
	1. 实训开始前穿戴好个人防护用品 2. 检查确认车辆状态正常 3. 完成车辆上电 4. 启动交通信号灯识别程序 5. 启动单车自主模式 6. 实现单车自主模式交通信号灯识别	1. 正确穿戴劳保手套、工作服、劳保鞋（□是　□否） 2. 检查确认车辆状态正常（□是　□否） 3. 正确完成车辆上电（□是　□否） 4. 正确启动交通信号灯识别程序（□是　□否） 5. 成功启动单车自主模式（□是　□否） 6. 成功实现单车自主模式交通信号灯识别（□是　□否）

3. 技术参数准备

实训小车操作手册等。

4. 核心技能点准备

（1）掌握如何启动交通信号灯识别程序。

（2）掌握如何启动单车自主模式。

5. 作业注意事项

实训车在单车自主模式行驶时，学生不要站在实训车周围，以免发生危险。

任务评价

任务完成后填写任务评价表2-2-3。

表2-2-3　任务评价表

序号	评分项	得分条件	分值	评分要求	得分	自评	互评	师评
1	安全/7S/态度	作业安全、作业区7S、个人工作态度	15	未完成1项扣1~3分，扣分不得超15分		□熟练 □不熟练	□熟练 □不熟练	□合格 □不合格

续表

序号	评分项	得分条件	分值	评分要求	得分	自评	互评	师评
2	专业技能能力	正确穿戴个人防护用品	5	未完成1项扣1~5分，扣分不得超45分		□熟练 □不熟练	□熟练 □不熟练	□合格 □不合格
		正确检查确认车辆状态	5					
		正确完成车辆上电	5					
		正确启动交通信号灯识别程序	10					
		成功启动单车自主模式	10					
		成功实现单车自主模式交通信号灯识别	10					
3	工具及设备使用能力	智能网联小车	10	未完成1项扣1~5分，扣分不得超10分		□熟练 □不熟练	□熟练 □不熟练	□合格 □不合格
4	资料、信息查询能力	其他资料信息检索与查询能力	10	未完成1项扣1~5分，扣分不得超10分		□熟练 □不熟练	□熟练 □不熟练	□合格 □不合格
5	数据判断和分析能力	数据读取、分析、判断能力	10	未完成1项扣1~5分，扣分不得超10分		□熟练 □不熟练	□熟练 □不熟练	□合格 □不合格
6	表单填写与报告撰写能力	实训工单填写	10	未完成1项扣0.5~1分，扣分不得超10分		□熟练 □不熟练	□熟练 □不熟练	□合格 □不合格
总分：								

 试题训练

一、判断题

1. 视觉传感器是自动驾驶的感知系统不可或缺的组成部分，相当于驾驶员的眼睛。（　　）

2. 对于不同形式的交通信号灯来说，需要建立不同的形状特征规则。（　　）

3. 识别模块，包括离线训练和在线识别两部分。（　　）

4. 利用基于彩色的跟踪算法可以对目标进行跟踪，有效提高目标识别的实时性和稳定性。（　　）

二、选择题（多选）

交通信号灯识别采用的系统结构可分为（　　）。

A. 图像采集模块　　　　　　　　B. 图像预处理模块

C. 识别模块　　　　　　　　　　D. 跟踪模块

三、简答题

简述交通信号灯识别的作用。

学习任务三　激光雷达检测函数和模块认知

■ 任务描述

需要了解激光雷达算法中主要用到的梯度法、切线法、高度差法、距离差值以及向量法等理论。完成激光雷达在中型无人车上的安装和网络配置，并可视化车载激光雷达的数据，在 ROS 环境下显示实时点云。

■ 任务目标

知识目标

1. 了解激光雷达的类型、特点及工作原理。

2. 了解激光雷达检测函数和模块认知。

技能目标

1. 掌握激光雷达检测模块使用和测试方法。

2. 掌握激光雷达安装及快速连接的方法。

素质目标

1. 遵守职业道德，树立正确的价值观。

2. 引导崇尚劳动精神，逐步提升服务社会的意识。

3. 弘扬工匠精神，塑造精益求精的品质。

4. 培养协同合作的团队精神，自觉维护组织纪律。

■ 任务导入

激光雷达是一种通过发射激光束测量物体与传感器之间精确距离的主动测量装置，通过激光器和探测器组成的收发阵列，结合光束扫描，借助激光点阵获取周围物体的精确距离及轮廓信息，实现对周围环境的实时感知和避障功能。同时，激光雷达可以结合预先采集的高精地图，达到厘米级定位精度，以实现自主导航。

激光雷达可以建立三维点云图，高效、准确地获得外部环境信息。但其缺点也比较突出，如成本高、恶劣天气适应性较差等。鉴于单一的车载传感器难以同时满足探测高精度、长距离且全天候的要求，因此多传感器融合已成为感知层主流技术趋势。

■ 知识准备

一、激光雷达概述

1. 激光雷达的概念

激光雷达是以发射激光束探测目标的位置、速度等特征量的雷达系统。其工作原理是向目标发射探测信号（激光束），然后将接收到的从目标反射回来的信号（目标回波）与发射信号进行比较，进行适当处理后，就可获得目标的有关信息，如目标距离、方位、高度、速度、姿态，甚至形状等参数，从而实现对飞机、导弹等目标进行探测、跟踪和识别。它由激光发射机、光学接收机、转台和信息处理系统等组成，激光发射机将电脉冲变成光脉冲发射出去，光学接收机再把从目标反射回来的光脉冲还原成电脉冲送到显示器。车载激光雷达如图 2-3-1 所示。

图 2-3-1　车载激光雷达

2. 激光雷达的应用

激光雷达通过发射激光束并测量反射时间，可以获取车辆周围环境的高精度三维空间信息，包括道路的几何结构、障碍物的位置和形状、其他车辆的位置等。这些数据对于车载传感器感知周围环境至关重要。

1）障碍物检测

激光雷达可以探测到周围的障碍物，如其他车辆、行人、建筑物等，通过及时而准确地识别这些障碍物，支撑自动驾驶系统采取适当的措施避免碰撞，确保行车安全。

2）车道保持

激光雷达可以检测道路的几何结构，包括车道线和道路边缘，有助于自动驾驶车辆保持在正确的车道内。

3）定位和导航

激光雷达生成的三维地图可用于车辆的定位和导航，通过比对实时获取的传感器数据与地图信息，车辆可以确定自己的准确位置，并更好地规划行驶路径。

4）自主决策

基于激光雷达提供的环境感知数据，自动驾驶系统可以进行实时决策，如选择合适的速度、变道、超车等，使车辆能够在复杂的交通环境中作出智能决策。

5）适应复杂场景

激光雷达对于不同的环境，如城市道路、高速公路、复杂交叉口等，都能够提供可靠的感知数据，使自动驾驶车辆能够适应各种驾驶场景，从而提高系统的鲁棒性。

3. 激光雷达的分类

早期，谷歌在研发自动驾驶技术时，在测试车上安装过激光雷达，但由于技术受限，当时的激光雷达尺寸较大，很难实现最终量产装车。而到了 2017 年，奥迪在其旗舰轿车——奥迪 A8 上搭载了激光雷达，使其成为首款搭载激光雷达并完成量产的车型，当时，激光雷达是作为高端车型的配置。

现在，激光雷达不再只是高端车型的配置，很多国产造车新势力推出了搭载激光雷达的车型，让更多消费者体验到了激光雷达带来的功能与便利。

按扫描模块的器件结构，激光雷达可分为机械式、半固态或混合固态（MEMS 微振镜、转镜、棱镜）、纯固态（OPA/Flash）3 种，如图 2-3-2 所示。

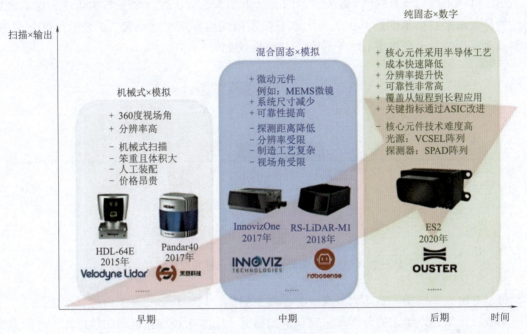

图 2-3-2　激光雷达类型

4. 激光雷达的原理

如图 2-3-3 所示，单线激光雷达通过旋转反射镜将激光发射出去，激光遇到目标后，激光的部分能量从目标反射回光学接收机。激光雷达通过测量发射光和反射光之间的时间差来测距。

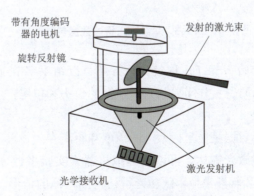

激光雷达类型

激光雷达的应用

图 2-3-3　激光雷达测距原理图

激光雷达测量时间差有 3 种不同的技术。

（1）脉冲检测法：直接测量反射脉冲与发射脉冲之间的时间差。

（2）相干检测法：通过测量调频连续波（frequency modulated continuous-wave，FMCW）的发射光和反射光之间的差频来测量时间差。

（3）相移检测法：通过测量调幅连续波（amplitude modulated continuous-wave，AMCW）的发射光和反射光之间的相位差来测量时间差，由于相位差的周期性，这一方法测得的只是相对距离，而非绝对距离，这是 AMCW 激光雷达的重大缺陷。

图 2-3-4 描述了 LMS-511 激光雷达的 2 个重要参数：α 表示水平扫描角度，这款激光雷达的最大水平扫描角度是 190°，最大水平扫描角度也称水平视场角；β 表示角度分辨率，这款激光雷达的角度分辨率有 3 个设置，分别为 0.25°、0.5°、1°。

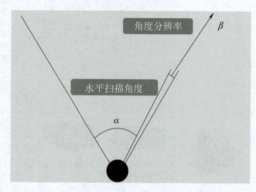

图 2-3-4　LMS-511 激光雷达的水平扫描角度与角度分辨率

可以看出，单线激光雷达只是在一个平面上扫描，只能获得一个平面的二维信息。

单线激光雷达以给定的分辨率，完整地扫描完一个水平视场角返回的数据称为一个数据包，又称数据帧。图 2-3-5 所示为单线激光雷达数据包示例，其中每一格代表 1 字节。

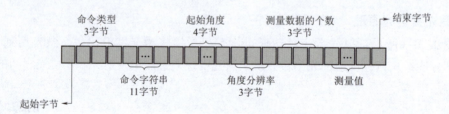

图 2-3-5　单线激光雷达数据包示例

每一个数据包都由起始字节（也称包头）开始，以结束字节（也称包尾）作为数据包的结束标志。在数据分析时，首先需要找到每一帧的包头和包尾，然后根据测量数据在数据包中的位置，获得测量值。

激光雷达返回的目标数据是极坐标系下的角度和距离。

为了更好地理解单线激光雷达，可以用虚拟机器人实验平台（virtual robot experimentation platform，VREP）仿真软件模拟单线激光雷达检测目标的情形。用 VREP 模拟单线激光雷达遇到行人过马路时的场景，如图 2-3-6 所示，单线激光雷达装在车顶，设置的单线激光雷达水平视场角度为180°，角度分辨率为0.5°。

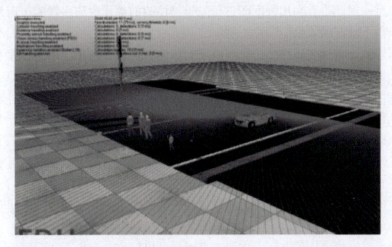

图 2-3-6　用 VREP 模拟单线激光雷达遇到行人过马路时的仿真场景

可以看到，单线激光雷达只能检测到与它安装平面高度相同的目标，对于低于安装平面的目标是检测不到的，如图 2-3-6 中的小孩。

如图 2-3-7 所示，用 VREP 模拟了单线激光雷达在遇到斜坡时的场景。由于单线激光雷达只能在一个平面内扫描，因此当遇到坡道时，会把斜坡识别成障碍物。

图 2-3-7　单线激光雷达在遇到斜坡时的场景

针对单线激光雷达的这些问题，在早期应用中，经常会把多个单线激光雷达组合使用。每个单线激光雷达的俯仰角不一样，用来检测不同平面的目标。随着技术的发展，又出现了多线激光雷达。

5. 激光雷达的作用

激光雷达应用得比较多，在智能车辆中主要应用在以下 3 个方面。

（1）障碍物检测。

（2）路标检测及地图匹配。

（3）越野行驶时建立地形图。

在检测障碍物应用中，一般的处理方法是根据已知传感器的位置转化为高度图，然后根据高度的突变就可以检测出障碍物。大部分多线激光雷达除了提供距离信息外，还提供激光的反射强度信息，因此也有利用强度图进行障碍物检测的例子。很多智能车辆采用了多线激光雷达，并取得了较好的效果。

目前，单线激光雷达主要在结构化环境下的移动机器人上应用，因为地面平坦，所有障碍物均垂直于地面，因此机器人只要能在平行于地面的平面上获取环境信息即可满足导航的需要。很多室内移动机器人的应用，如环境的地图生成、机器人的自定位、避障等的研究均基于单线激光雷达，信息量的减少带来了较高的机械稳定性和实时扫描能力，十分有利于结构化环境下障碍物的扫描和识别。

但是，将单线激光雷达用于越野环境下的障碍物检测有相当大的难度。由于越野地形复杂、高低不平，因此会引起车体行驶时的剧烈振动。单线激光雷达只能在一个平面上扫描，因此不可避免地会引起比较严重的障碍物漏检和虚报现象。进一步地说，即使它能稳定地检测出障碍物，如此少的数据量也无法支撑越野环境下的地形重建工作，因此无法为智能车辆的越野行驶提供可靠的环境信息。而多线激光雷达可以较好地解决上述问题。

在自动驾驶领域，多线激光雷达主要有以下两个核心作用。

（1）三维建模及环境感知：通过多线激光雷达可以扫描到汽车周围环境的三维模型，运用相关算法对比上一帧及下一帧环境的变化，能较容易地检测出周围的车辆及行人。

（2）同步定位与地图构建（simultaneous localization and mapping，SLAM）定位加强：同步建图是其另一大特性，通过实时得到的全局地图与高精度地图中的特征物的比对，能提高车辆的定位精度并实现自主导航。

二、激光雷达可视化操作

1. 结构安装

图2-3-8所示为激光雷达结构安装示意，图2-3-9所示为实车上激光雷达结构安装示意。

激光雷达的作用

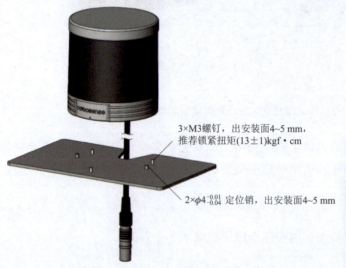

3×M3螺钉，出安装面4~5 mm，
推荐锁紧扭矩(13±1)kgf·cm

$2×\phi4^{-0.01}_{-0.04}$ 定位销，出安装面4~5 mm

图2-3-8　激光雷达结构安装示意

图2-3-9　实车上激光雷达
结构安装示意

2. 快速连接

RS-Helios-16P 网络参数可配置，出厂默认采用固定 IP 和端口号模式，如表 2-3-1 所示。

表 2-3-1 出厂默认网络参数配置表

	IP 地址	MSOP 包端口号	DIFOP 包端口号
RS-Helios-1610	192.168.1.200	6699	7788
计算机	192.168.1.102		

使用设备的时候，需要把计算机的 IP 设置为与设备 IP 同一网段，例如 192.168.1.x（x 的取值为 1~254），子网掩码为 255.255.255.0。若不知道设备网络参数配置信息，请连接设备并使用 wireshark 抓取设备输出包进行分析，接口盒连接示意如图 2-3-10 所示。

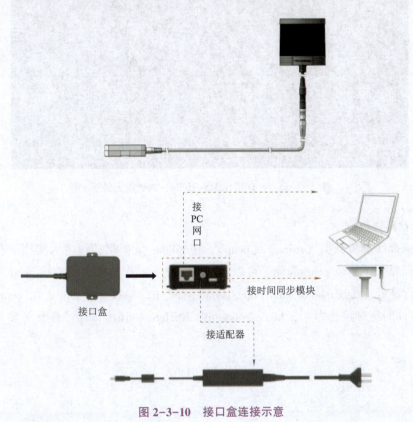

图 2-3-10 接口盒连接示意

3. 实操使用

接下来介绍如何在实车上获取和可视化 RS-Helios-16P 的数据。

（1）找到实车上已编译过的 RoboSense 激光雷达驱动包。

（2）实时显示。

在 rslidar_sdk 的工程内有详细的文档，指导如何在 ROS 环境下实时显示点云，这里将简略介绍。

将 RS-Helios-16P 连接到计算机，并且上电、运行，等待计算机识别到 LiDAR 设备。

运行 rslidar_sdk 驱动包里面提供的 launch 文件来启动实时显示数据的节点程序，该 launch 文件位于 rslidar_sdk/launch/start.launch。打开如下终端运行程序。

```
cd~/catkin_ws
source devel/setup.bash
roslaunch rslidar_sdk start.launch
```

rviz 显示 RS-Helios-16P 点云数据如图 2-3-11 所示。

图 2-3-11　rviz 显示 RS-Helios-16P 点云数据

（3）查看离线数据。

关于如何离线解析数据（rosbag 或 pcap），在 rslidar_sdk 驱动包内的文档里有详细的介绍，这里只简略介绍。以 pcap 为例，可以利用 rslidar_sdk 来将保存的离线 pcap 文件解析成点云数据进行显示。修改 rslidar_sdk/config/config.yaml 中的参数 msg_source 为 3pcap_directory，配置 pcap 文件的绝对路径为 e.g. home/robosense/RSHelios-16P.pcap。打开终端，运行如下节点程序。

```
cd~/catkin_ws
source devel/setup.bash
roslaunch rslidar_sdk start.launch
```

三、激光雷达检测算法介绍

1. 服务于可通行区域的左右两侧正负坡检测算法相关定义

（1）不可通行的左右两侧正坡：以当前车辆所在平面坡度为零的标准面，坡度值大于某一最小坡度阈值的左右两侧为正坡。

（2）不可通行的左右两侧负坡：以当前车辆所在平面坡度为零的标准面，坡度值小于某一最小坡度阈值的左右两侧为负坡。

2. 基于激光雷达的服务于可通行区域的左右两侧正负坡检测算法基础理论

该算法主要用到了梯度法、切线法、高度差法、距离差值以及向量法等理论。

1）梯度法

梯度法用于点云过滤。高度特征栅格图中落在坡上的像素点的像素值与该像素点横向领域的像素点的像素值会形成一个梯度，将高度特征栅格图中会形成梯度的像素点投到同一个梯度高度特征栅格图中。由于切线法和高度差法会用到点云的高度值，所以将梯度高度特征栅格图作为切线法和高度差法的输入。

2）切线法

因为一根点云线打到坡度为零的标准面上会形成一个标准的圆，所以此时每个点云所在位置的切线与 x 轴的夹角可以由该点的方位角求出。如果这根点云线打到坡上，此时该点云所在位置的切线将不能由该点的方位角求出，但可以用其同一根线上左右邻域上的两个点云构成的向量来表示。那么，打到坡上的点云的切线与 x 轴的夹角将会不同于打到标准面的点云的切线与 x 轴的夹角。将这个差值作为特征，就可以获得一个切线角差值特征栅格图。由于切线法会用到切线差值，所以将切线角差值特征栅格图作为切线法的输入。获得切线差值特征栅格图是切线法的核心，剩下工作是进行概率统计。

3）高度差法

用横向领域的两个遍历窗口分别在梯度高度特征栅格图中取最小值，将这两个最小值做差会获得一个高度差值，以这个差值作为坡度直角三角形中坡度角的对边，以两个遍历窗口的中心距离作为坡度直角三角形的邻边，可以求出这个坡度角的值。如果这两个遍历窗口的中心均位于坡度为零的标准面上，那么这个坡度角将为零；如果这两个遍历窗口的中心均位于坡上，那么这个坡度角将不为零。

4）距离差值

距离差值用于过滤正坡检测中对树的误检。对车辆坐标系下的每个点云进行遍历，在该点云所在的点云线上距离该点云一定数目的点云的相邻两个位置取两个点云，同时在与选出的这 3 个点云所在的点云线相邻的远离车辆的点云线上选出对应索引的 3 个点云，从而在相邻的两条点云线上获得了 3 对点云，分别求出这 3 对点云中两个点云的距离。由于打在坡上的这 3 对点云的距离偏差很小，即使打在树上的这 3 对点云的距离是杂乱无章的，也可以利用这个特征进行判断，如果满足要求，则将该点云投到对应的坡度栅格图上的像素点。

5）向量法

向量法也是用于过滤正坡检测中对树的误检。对车辆坐标系下的每个点云进行遍历，在该点云所在的点云线上距离该点云一定数目的点云的相邻两个位置取两个点云，分别获得这 3 个点云的向量。由于打在坡上的这 3 个点云的向量方向是一致的且偏差很小，即使打在树上的这 3 个点云的向量方向是杂乱无章的，也可以利用这个特征进行判断，如果满足要求，则将该点云投到对应的坡度栅格图上的像素点。

3. 算法流程描述

算法流程如图 2-3-12 所示。

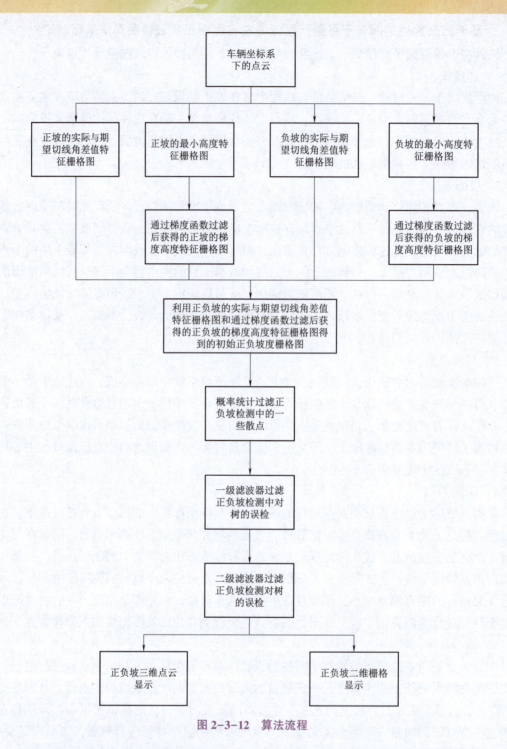

图 2-3-12　算法流程

　　首先，由车辆坐标系下的点云获得 4 张特征栅格图，正负坡的最小高度特征栅格图中的每个像素点，存放的是附近的所有点云的坐标值四舍五入到该像素点坐标位置的点云高度的最小值。正负坡的实际与期望切线角差值特征栅格图中的每个像素点，存放的是附近的所有点云的坐标值四舍五入到该像素点坐标位置的实际切线方向与 x 轴夹角的绝对值，和期望切

线方向与 x 轴夹角绝对值差值的绝对值。

其次，为了初步过滤掉部分正坡检测对车、树等的误检点，正负坡检测对凹障碍等的误检点加入了梯度函数过滤，即以正负坡的最小高度特征栅格图作为输入，以每个遍历栅格点为中心选一个遍历窗口，同时在该遍历窗口左右相邻再选取两个尺寸一样的遍历窗口，在这 3 个遍历窗口中分别取窗口内所有点云高度的最小值，比较这 3 个高度值是否形成期望的梯度。若满足要求，则将该遍历像素点的像素值保留；若不满足要求，则将其过滤。这样就可以获得一个梯度高度特征栅格图。

然后，以正负坡的实际与期望切线角差值特征栅格图和梯度高度特征栅格图作为输入，用一个矩形遍历窗口对正负坡的实际与期望切线角差值特征栅格图进行遍历，对每个遍历窗口中满足要求的像素点进行统计。同时，用一个遍历窗口分成左右大小相同的两部分对梯度高度特征栅格图进行遍历，并分别对每个遍历窗口被分成左右大小相同的两部分中满足要求的像素点进行统计。对所有的统计结果进行判断，若同时满足要求，则将该像素点作为坡度栅格点进行输出，从而获得一张初始正负坡度栅格图。

正负坡检测中偶尔会出现一些零星的散点，为了将这些散点过滤，可以加入概率统计，即用一个遍历窗口对初始正负坡度栅格图进行遍历，并对每个遍历窗口中满足要求的像素点进行统计。如果该遍历窗口中满足要求的像素点的数量满足要求，则将该遍历窗口的中心像素点的像素值输出，从而获得一个经过初次过滤的正负坡度栅格图。

正负坡检测中会对左右两侧的树产生较多的误检，这里用二级过滤器对树的误检进行过滤。一级过滤器是对车辆坐标系下的每个点云进行遍历，在该点云所在的点云线上距离该点云一定数目的点云的相邻两个位置取两个点云，分别获得这 3 个点云的向量。由于打在坡上的这 3 个点云的向量方向是一致的且偏差很小，即使打在树上的这 3 个点云的向量方向是杂乱无章的，也可以利用这个特征进行判断。如果满足要求，则将该点云投到对应的坡度栅格图上的像素点，从而获得一个经过二次过滤的正负坡度栅格图。二级过滤器同样是对车辆坐标系下的每个点云进行遍历，在该点云所在的点云线上距离该点云一定数目的点云的相邻两个位置取两个点云，同时在与选出的这 3 个点云所在的点云线相邻的远离车辆的点云线上选出对应索引的 3 个点云，从而在相邻的两条点云线上获得了 3 对点云，分别求出这 3 对点云中两个点云的距离。由于打在坡上的这 3 对点云的距离偏差很小，即使打在树上的这 3 对点云的距离是杂乱无章的，也可以利用这个特征进行判断。如果满足要求，则将该点云投到对应的坡度栅格图上的像素点，从而获得一个经过三次过滤的正负坡度栅格图，也是最终版的正负坡度栅格图。最后，对正负坡进行三维点云显示以及二维栅格显示。

四、坡道检测

如图 2-3-13 所示，假设激光雷达相邻两线的点分别打在 A、B 两点。A、B 两点的垂直高度是 h，水平距离是 d，则 AB 连线与水平地面的夹角，即坡度可以用 h/d 的反正切值来表示。

如果 A、B 两点的垂直高度 h 小于阈值，那么不会将前方识别为障碍物；如果 h 大于阈值，那么会将前方识别为障碍物。阈值的选取取决于车辆的爬坡能力。

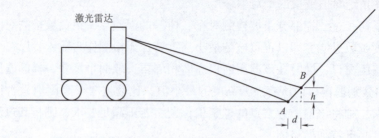

图 2-3-13　坡道检测示意

图 2-3-14（a）所示为使用 VREP 模拟的场景，车辆前方是坡道，两侧是墙壁。图 2-3-14（b）所示为多线激光雷达扫描得到的点云俯视图，可以明显地看到点云打在墙壁上与打在坡道上呈现方式是完全不一样的。图 2-3-14（c）所示为使用点云栅格图高度差法检测的结果，其中矩形框是本车，前方左右两侧的直线段是检测出来的墙壁，车辆正前方表示把坡道检测为可通行的区域。

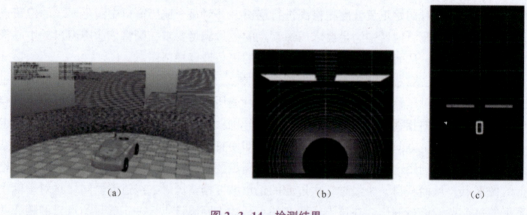

| （a） | （b） | （c） |

图 2-3-14　检测结果

（a）使用 VREP 模拟的场景；（b）多线激光雷达扫描得到的点云俯视图；（c）使用点云栅格图高度差法检测的结果

任务实施

实训　激光雷达可视化

一、任务准备

1. 场地设施
带有激光雷达的智能网联小车 4 辆，测试计算机 4 台。

2. 学生组织
分组进行，使用实车进行训练。实训内容如表 2-3-2 所示。

表 2-3-2 实训内容

时间	任务	操作对象
0~10 min	组织学生讨论激光雷达在智能车辆中的应用	教师
11~30 min	激光雷达可视化实操	学生
31~40 min	教师点评和讨论	教师

二、任务实施

1. 开展实训任务

（1）按照要求安装激光雷达。

（2）快速连接激光雷达。

（3）进行实时显示。

将 RS-Helios-16P 连接到计算机，并且上电、运行，等待计算机识别到 LiDAR 设备。运行 rslidar_sdk 驱动包里面提供的 launch 文件来启动实时显示数据的节点程序，该 launch 文件位于 rslidar_sdk/launch/start.launch。打开终端，运行如下程序。

```
cd~ /catkin_ws
source devel/setup.bash
roslaunch rslidar_sdk start.launch
```

（4）查看离线数据。

修改 rslidar_sdk/config/config.yaml 中的参数 msg_source 为 3pcap_directory，配置 pcap 文件的绝对路径为 e.g. home/robosense/RSHelios-16P.pcap。打开终端，运行如下节点程序。

```
cd~ /catkin_ws
source devel/setup.bash
roslaunch rslidar_sdk start.launch
```

2. 检查实训任务

单人实操后完成实训工单（见表 2-3-3），请提交给指导教师，现场完成后教师给予点评，作为本次实训的成绩计入学时。

表 2-3-3 激光雷达可视化实训工单

实训任务				
实训场地		实训学时		实训日期
实训班级		实训组别		实训教师
学生姓名		学生学号		学生成绩

实训准备	实训场地准备
	1. 正确清理实训场地杂物（□是　□否）
	2. 正确检查安全情况（□是　□否）
	防护用品准备
	1. 正确检查并佩戴劳保手套（□是　□否）
	2. 正确检查并穿戴工作服（□是　□否）
	3. 正确检查并穿戴劳保鞋（□是　□否）
	车辆、设备、工具准备
	1. 激光雷达（□是　□否）
	2. 智能网联小车（□是　□否）
	3. 测试计算机（□是　□否）
	车辆基本检查
	1. 正确检查并确认车辆上下电是否正常（□是　□否）
	2. 正确检查车辆遥控器电池电压是否正常（□是　□否）
	3. 正确检查车辆电池电压是否正常（□是　□否）

实训过程	操作步骤	考核要点
	1. 实训开始前穿戴好个人防护用品	1. 正确穿戴劳保手套、工作服、劳保鞋（□是　□否）
	2. 检查确认车辆状态正常	2. 检查确认车辆状态正常（□是　□否）
	3. 检查车辆上下电情况为整车断电	3. 检查车辆上下电情况（□是　□否）
	4. 按照要求安装激光雷达	4. 能够按照要求安装激光雷达（□是　□否）
	5. 快速连接激光雷达	5. 能够快速连接激光雷达（□是　□否）
	6. 输入程序进行实时显示	6. 能够进行实时显示（□是　□否）
	7. 输入程序查看离线数据	7. 能够查看离线数据（□是　□否）

3. 技术参数准备

激光雷达使用手册等。

4. 核心技能点准备

掌握激光雷达的安装方法。

5. 作业注意事项

（1）不得随意更改、删除计算机中的文件。

（2）不得故意损坏激光雷达。

任务评价

任务完成后填写任务评价表 2-3-4。

表 2-3-4　任务评价表

序号	评分项	得分条件	分值	评分要求	得分	自评	互评	师评
1	安全/7S/态度	作业安全、作业区 7S、个人工作态度	15	未完成 1 项扣 1~3 分，扣分不得超 15 分		□熟练 □不熟练	□熟练 □不熟练	□合格 □不合格
2	专业技能能力	正确穿戴个人防护用品	5	未完成 1 项扣 1~5 分，扣分不得超 45 分		□熟练 □不熟练	□熟练 □不熟练	□合格 □不合格
		正确确认车辆状态	5					
		正确检查车辆上下电情况	5					
		正确安装激光雷达	10					
		正确快速连接激光雷达	5					
		正确输入程序	5					
		可以实时显示激光雷达数据	5					
		可以离线查看激光雷达数据	5					
3	工具及设备使用能力	智能网联小车	10	未完成 1 项扣 1~5 分，扣分不得超 10 分		□熟练 □不熟练	□熟练 □不熟练	□合格 □不合格
4	资料、信息查询能力	其他资料信息检索与查询能力	10	未完成 1 项扣 1~5 分，扣分不得超 10 分		□熟练 □不熟练	□熟练 □不熟练	□合格 □不合格
5	数据判断和分析能力	数据读取、分析、判断能力	10	未完成 1 项扣 1~5 分，扣分不得超 10 分		□熟练 □不熟练	□熟练 □不熟练	□合格 □不合格
6	表单填写与报告撰写能力	实训工单填写	10	未完成 1 项扣 0.5~1 分，扣分不得超 10 分		□熟练 □不熟练	□熟练 □不熟练	□合格 □不合格
总分：								

试题训练

激光雷达的拆装

一、判断题

1. 单一传感器检测是感知层主流技术趋势。（　　）

2. 激光雷达是以发射激光束探测目标的位置、速度等特征量的雷达系统。（　　）

3. 单线激光雷达只是在一个平面上扫描，只能获得一个平面的二维信息。（　　）

4. 将多线激光雷达用于越野环境下的障碍物检测有相当大的难度，而单线激光雷达可以较好地解决这个问题。（　　）

5. 激光雷达输出的数据只能实时，而不能离线查看。（　　）

二、选择题（多选/单选）

1. 激光雷达可分为（　　）。

A. 机械式

B. 半固态或混合固态（MEMS 微振镜、转镜、棱镜）

C. 纯固态（OPA/Flash）

2. 激光雷达测量时间差有三种不同的技术（　　）。

A. 脉冲检测法　　　　B. 相干检测法　　　　C. 相移检测法　　　　D. 障碍检测法

3.（　　）属于激光雷达的主要应用。

A. 障碍物检测　　　　B. 车道保持　　　　C. 导航和定位　　　　D. 红绿灯识别

4. 激光雷达返回的目标数据是极坐标系下的（　　）。

A. 角度　　　　　　B. 长度　　　　　　C. 宽度　　　　　　D. 距离

5. 激光雷达能获得目标的（　　）信息。

A. 目标距离　　　　B. 方位　　　　　　C. 高度　　　　　　D. 速度

E. 姿态　　　　　　F. 形状

三、简答题

简述激光雷达正负障碍物检测算法主要用到的理论，介绍其中一个。

学习任务四　激光雷达实例应用

任务描述

实训台上的激光雷达和视觉传感器已经正确安装，但是没有进行标定。学生需要利用实训台采集标定数据包，并完成激光雷达与视觉传感器的联合标定。

任务目标

知识目标

1. 了解激光雷达的类型、特点及工作原理。

2. 了解激光雷达和视觉传感器联合标定的方法。

技能目标

1. 掌握配置环境及编译传感器驱动包的方法。

2. 掌握激光雷达及视觉传感器联合标定的方法。

3. 掌握运用标定结果进行投影的方法。

素质目标

1. 遵守职业道德，树立正确的价值观。

2. 引导崇尚劳动精神，逐步提升服务社会的意识。

3. 弘扬工匠精神，塑造精益求精的品质。

4. 培养协同合作的团队精神，自觉维护组织纪律。

激光雷达标定在自动驾驶中具有重要的作用。激光雷达是自动驾驶车辆中最常用的传感器之一，它可以获取环境中障碍物的位置和形状等信息，并将这些信息转换成点云数据进行处理。激光雷达标定是指对激光雷达传感器内部参数和外部参数进行估计的过程，包括激光束旋转中心、扫描面的倾斜角度、激光束发散度等内部参数，以及激光雷达相对于车辆坐标系的位置和方向等外部参数。激光雷达标定的目的是使激光雷达采集的点云数据在车辆坐标系下准确地表示出来，以便后续的 SLAM、目标检测和路径规划等任务。因此，激光雷达的精确标定对于自动驾驶车辆的定位和导航非常关键。

知识准备

激光雷达与视觉传感器联合标定的数据采集

下面介绍在实训台上采集标定数据包操作步骤。

（1）单击 ADAS 标定软件图标，选择 Ubuntuyzy 选项，如图 2-4-1 所示。

图 2-4-1　选择 Ubuntuyzy 选项

（2）在 Ubuntu 登录界面输入密码，单击"登录"按钮，如图 2-4-2 所示。

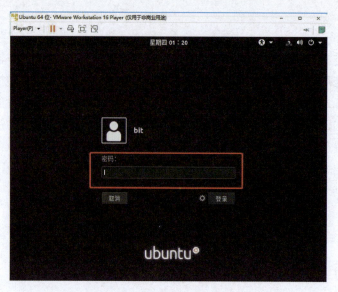

图 2-4-2 Ubuntu 登录界面

（3）单击"标定工具"按钮，单击"×"按钮，关闭弹出窗口，如图 2-4-3 所示。

图 2-4-3

（4）选择 Player→"可移动设备"→"A4Tech A4ech FHD 1080P PC Camera"→"连接（与主机断开连接）"选项，弹出窗口，单击"确定"按钮，如图 2-4-4 所示。

图 2-4-4 操作界面

（5）单击"打开相机"按钮，单击"打开雷达"按钮。操作界面如图 2-4-5 所示。

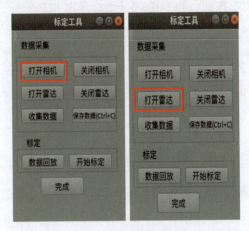

图 2-4-5　操作界面（1）

（6）单击"收集数据"按钮，按 Ctrl+C 组合键，然后单击"保存数据（Ctrl+C）"按钮。操作界面如图 2-4-6 所示。

图 2-4-6　操作界面（2）

（7）单击"关闭雷达"按钮，单击"关闭相机"按钮。操作界面如图 2-4-7 所示。

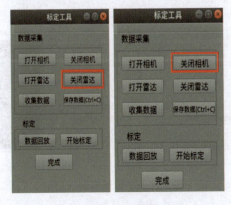

图 2-4-7　操作界面（3）

（8）单击"数据回放"按钮，再单击"开始标定"按钮。

任务实施

实训　激光雷达与视觉传感器的联合标定

一、任务准备

1. 场地设施

配有激光雷达及视觉传感器（摄像头）的实训台，测试计算机 4 台。

2. 学生组织

分组进行，使用实训台进行训练。实训内容如表 2-4-1 所示。

表 2-4-1　实训内容

时间	任务	操作对象
0~10 min	组织学生讨论联合标定的方法	教师
11~30 min	激光雷达与视觉传感器联合标定	学生
31~40 min	教师点评和讨论	教师

二、任务实施

1. 开展实训任务

1）利用实训台采集标定数据包

2）联合标定

在实训台上完成数据采集包后，单击"开始标定"按钮。

在弹出的界面选择 Camera→Velodyne 选项，出现的操作界面如图 2-4-8 所示。

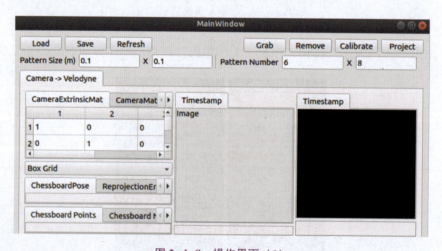

图 2-4-8　操作界面（1）

3）标定过程

（1）Pattern Size 为标定板的尺寸，单位为 m，根据实际情况填入。

（2）Pattern Number 为标定板的格子数，根据实际情况填入。此处必须注意，按照录制数据时拿标定板的姿态，前面填竖着的数量，后面填横着的数量，并且填的是格子交点的数量，填完之后重启标定工具才能生效。

（3）启动后正常情况下有图像和点云数据显示。

（4）单击黑色区域，按 2 键切换视角，可以看到有点云的俯视显示，如图 2-4-9 所示。

图 2-4-9　操作界面（2）

（5）按 B 键，把背景调成白色。

（6）长按 E 键，把点云调正。操作界面如图 2-4-10 所示。

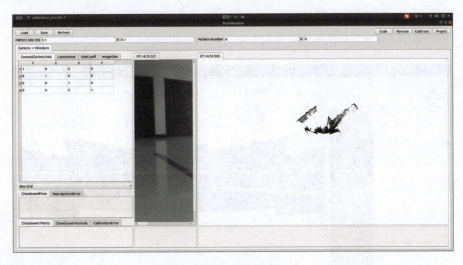

图 2-4-10　操作界面（3）

（7）长按 W 键，把点云视角调整为正视。

（8）长按 1 键，把点云放大，直到可以看到标定板，效果如图 2-4-11 所示。

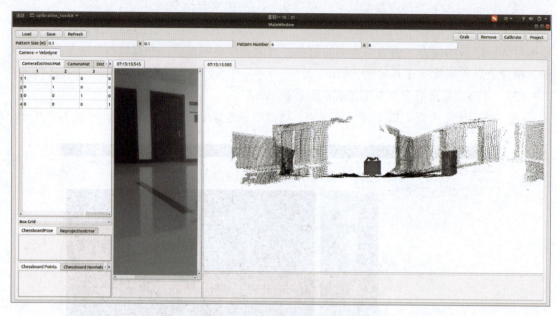

图 2-4-11　操作界面（4）

（9）再次按 1 键，切换视角。由于固态激光雷达分辨率太高，因此可能无法分辨出周围场景，如果分辨不出标定板，则按 P 键，增大点云的点尺寸。

如图 2-4-12 所示，整个操作界面分为 4 个部分。右上部分实时显示点云的交互界面，左上部分实时显示图像的交互界面，右下部分显示截取的点云帧的交互界面，左下部分显示截取的图像帧的交互界面。在执行后续步骤之前把右上部分的实时点云显示调整至一个非常容易选取的位置，可以让后续截取的点云易于选取，否则每一个截取的点云帧需要重复上述的调整过程，将浪费大量时间。

视觉传感器测试

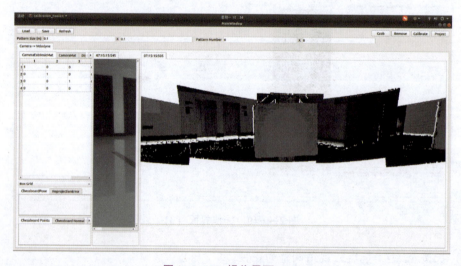

图 2-4-12　操作界面（5）

（10）此时点云视角已经调整好，把图像界面放大，把图像完整地显示出来，效果如图 2-4-13 所示。

图 2-4-13　操作界面（6）

（11）此时开始捕捉标定帧。选取的准则是，当某一帧标定板在图像中和在点云中完整出现才算合格，如图 2-4-13 所示，图像中的标定板刚好显示完整，点云中的标定板显示完整，因此是合格的一帧。

（12）对于合格的一帧，单击右上角的 Grab 按钮，如果捕捉成功（即程序能检测到图像中的棋盘格），则会在界面下方显示，如图 2-4-14 所示。

图 2-4-14　操作界面（7）

（13）重复捕捉 20~30 帧。理论上来说，帧数越多，标定效果越好。尽量多捕捉不同姿态的标定帧。

（14）捕捉完成后，开始手动选择点云。如图 2-4-15 所示，标定板在图像中被检测到，则需要手动选择点云中的标定板，以此形成对应关系求解变换矩阵。

（15）选择的时候可以把右下方的点云界面调大，选择的模型是一个圆面。同理，为了让点云更易被分辨，按前面提到的方法把背景调成白色，把点调大，直至标定板清晰可见。

（16）单击选择标定板，尽量使圆面处于标定板的正中间，选择后如果不满意，则单击鼠标右键取消选择，重新再选，效果如图 2-4-15 所示。

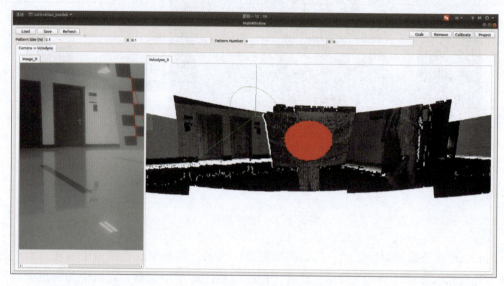

图 2-4-15　操作界面（8）

（17）对捕捉的每一帧均进行这样的选取，直至所有帧选择完毕。

（18）单击右上角的 Calibrate 按钮。

（19）计算完成后，再单击右上角 Project 按钮，出现如图 2-4-16 所示的操作界面。

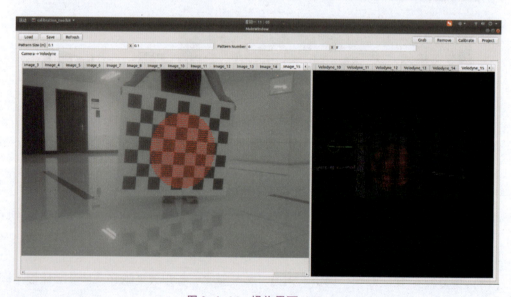

图 2-4-16　操作界面（9）

左侧的红点是用标定后的参数将右侧手动选择的标定板点投影到图像上的结果。完美情况下，红点应该出现在标定板上手动选择的位置。

（20）如果每一帧图像能够基本对上，则说明标定效果不错；如果误差较大，则说明标定失败，需要重新标定。如果标定结束，则单击左上角的 Save 按钮，将标定结果保存，取名后存至文件夹。对之后弹出的两个界面，都单击 No 按钮。

（21）至此，整个标定过程结束。

4）获得标定结果

标定完成后会得到一个有标定得到的外参、相机内参、相机畸变系数、图像尺寸、重投影误差的文件，示例如图 2-4-17 所示。

```
1   %YAML:1.0
2   ---
3   CameraExtrinsicMat: !!opencv-matrix
4      rows: 4
5      cols: 4
6      dt: d
7      data: [ -5.8407131946527358e-03, -3.2811216518650155e-02,
8          9.9944450078028035e-01, 1.9907201492930962e-01,
9          -9.9986339451409767e-01, -1.5262476339699793e-02,
10         -6.3442199462111493e-03, 6.9461615636179914e-02,
11         1.5462159620299232e-02, -9.9934502594776853e-01,
12         -3.2717590579534050e-02, -1.5654594735971714e-01, 0., 0., 0., 1. ]
13  CameraMat: !!opencv-matrix
14     rows: 3
15     cols: 3
16     dt: d
17     data: [ 1.0143281094389476e+03, 0., 6.3163571518821800e+02, 0.,
18         1.0096395620868118e+03, 3.2954732055473158e+02, 0., 0., 1. ]
19  DistCoeff: !!opencv-matrix
20     rows: 1
21     cols: 5
22     dt: d
23     data: [ -6.3944068169403991e-03, -1.7957073252917993e-02,
24         -1.3865038466759662e-02, 1.5781011631053978e-03,
25         1.5292969053996039e-01 ]
26  ImageSize: [ 1280, 720 ]
27  ReprojectionError: 9.3588671201531770e-01
```

图 2-4-17 标定结果示例

2. 检查实训任务

单人实操后完成实训工单（见表 2-4-2），请提交给指导教师，现场完成后教师给予点评，作为本次实训的成绩计入学时。

表 2-4-2　激光雷达与视觉传感器的联合标定实训工单

实训任务				
实训场地		实训学时	实训日期	
实训班级		实训组别	实训教师	
学生姓名		学生学号	学生成绩	
实训准备	实训场地准备			
	1. 正确清理实训场地杂物（□是　□否） 2. 正确检查安全情况（□是　□否）			
	车辆、设备、工具准备			
	1. 实训台（□是　□否） 2. 测试计算机（□是　□否）			
	实训台基本检查			
	1. 正确检查实训台状态（□是　□否） 2. 正确检查实训台上电情况（□是　□否）			
实训过程	操作步骤		考核要点	
	1. 检查实训台状态 2. 检查实训台上电情况 3. 打开 ADAS 标定软件 4. 利用实训台采集标定数据包 5. 回放标定数据包 6. 使用联合标定工具进行标定 7. 获得标定结果		1. 正确检查实训台状态（□是　□否） 2. 正确检查实训台上电情况（□是　□否） 3. 正确打开 ADAS 标定软件（□是　□否） 4. 正确利用实训台采集标定数据包（□是　□否） 5. 正确回放标定数据包（□是　□否） 6. 正确使用联合标定工具进行标定（□是　□否） 7. 获得标定结果（□是　□否）	

3. 技术参数准备

激光雷达使用手册及摄像头使用手册等。

4. 核心技能点准备

首次连接摄像头，应查询摄像头使用手册，输入摄像头固有 IP 地址。

5. 作业注意事项

（1）不得随意更改、删除计算机中的文件。

（2）不得故意损坏激光雷达及摄像头。

（3）检查过程中，请勿用手触碰摄像头的镜头。

任务评价

任务完成后填写任务评价表 2-4-3。

表 2-4-3 任务评价表

序号	评分项	得分条件	分值	评分要求	得分	自评	互评	师评
1	安全/7S/态度	作业安全、作业区 7S、个人工作态度	15	未完成 1 项扣 1~3 分，扣分不得超 15 分		□熟练 □不熟练	□熟练 □不熟练	□合格 □不合格
2	专业技能能力	正确检查实训台状态	5	未完成 1 项扣 1~5 分，扣分不得超 45 分		□熟练 □不熟练	□熟练 □不熟练	□合格 □不合格
		正确检查实训台上电情况	5					
		正确打开 ADAS 标定软件	5					
		正确采集标定数据包	10					
		正确回放标定数据包	5					
		正确使用联合标定工具进行标定	10					
		获得标定结果	5					
3	工具及设备使用能力	实训台	10	未完成 1 项扣 1~5 分，扣分不得超 10 分		□熟练 □不熟练	□熟练 □不熟练	□合格 □不合格
4	资料、信息查询能力	其他资料信息检索与查询能力	10	未完成 1 项扣 1~5 分，扣分不得超 10 分		□熟练 □不熟练	□熟练 □不熟练	□合格 □不合格
5	数据判断和分析能力	数据读取、分析、判断能力	10	未完成 1 项扣 1~5 分，扣分不得超 10 分		□熟练 □不熟练	□熟练 □不熟练	□合格 □不合格
6	表单填写与报告撰写能力	实训工单填写	10	未完成 1 项扣 0.5~1 分，扣分不得超 10 分		□熟练 □不熟练	□熟练 □不熟练	□合格 □不合格
总分：								

试题训练

一、判断题

1. 激光雷达标定是指对激光雷达传感器内部参数和外部参数进行估计的过程。（   ）

2. ADAS 标定软件可以完成标定数据包采集。（   ）

3. 理论上来说，标定数据帧数越多，标定效果越好。（   ）

4. 激光雷达标定的目的是使激光雷达采集的点云数据在车辆坐标系下准确地表示出来。
（   ）

5. 激光雷达的精确标定对于自动驾驶车辆的定位和导航非常关键。（   ）

二、选择题（多选/单选）

1. 标定过程中需要在软件中填入（   ）。

A. 标定板尺寸　　　B. 标定格数量　　　C. 标定板颜色　　　D. 标定板形状

2. 标定完成后会得到一个文件，包含标定得到的（   ）。

A. 外参　　　　　　B. 相机内参　　　　C. 相机畸变系数

D. 图像尺寸　　　　E. 重投影误差

3. 激光雷达标定是指对激光雷达传感器（　　）进行估计的过程。

A. 内部参数　　　　B. 外部参数　　　　C. 价格参数　　　　D. 质量参数

4. 激光雷达内部参数包括（　　）。

A. 激光束旋转中心

B. 扫描面的倾斜角度

C. 激光束发散度

5. 激光雷达外部参数包括（　　）。

A. 激光雷达相对于车辆坐标系的位置

B. 激光束旋转中心

C. 激光雷达相对于车辆坐标系的方向

三、简答题

简述激光雷达和视觉传感器联合标定的流程。

项目三　车辆定位系统

　　无人驾驶车辆定位系统是自动驾驶技术中的关键一环，其主要任务是确保车辆能够实时、准确地确定自身在三维空间中的位置。为了实现这一目标，定位系统通常结合 GPS、IMU 等多种传感器数据，来确定车辆在环境中的位置。

　　本项目主要介绍卫星定位技术，以 GPS 定位为例介绍 GPS/IMU 组合导航系统。通过本项目知识的学习，学生能够掌握 GPS 定位的发展历史和基本定位原理及其定位特性，同时对组合导航系统有初步认识；通过本项目实训的学习，学生能够掌握组合导航系统的配置和标定、录制差分信号下的地图以及根据录制的地图实现自动驾驶。

学习任务一　定位技术与认知

任务描述

智能网联汽车在行驶过程中最重要的信息之一是清楚车辆的具体定位，定位信息是车辆能够实现自动驾驶的基础。准确的定位能够帮助车辆了解在环境中的位置、确定行驶路径，并避免与障碍物或其他车辆发生碰撞。定位还支持其他自动驾驶功能，如路径规划、导航、交通标志识别等。如果没有精确的位置信息，车辆无法安全、有效地在复杂的道路环境中行驶。定位系统一般通过 GPS、IMU 等传感器来获取定位信息，例如从 GPS 接收机获取经纬度和海拔，从 IMU 中获取三个方向的线加速度和角速度。智能网联汽车定位技术有哪些，每种定位技术有哪些优缺点，它们发展历程如何？

任务目标

知识目标

1. 了解车辆定位用到的相关设备及其基本原理。
2. 了解卫星定位发展历程。
3. 了解 GPS 定位特性。
4. 了解差分定位。
5. 了解 GPS/DR 组合定位方式。

技能目标

掌握组合导航系统的配置和标定操作。

素质目标

1. 遵守职业道德，树立正确的价值观。
2. 引导崇尚劳动精神，逐步提升服务社会的意识。
3. 弘扬工匠精神，塑造精益求精的品质。
4. 培养协同合作的团队精神，自觉维护组织纪律。

任务导入

智能网联汽车定位技术的核心在于提高定位精准度和可靠性。从使用导航卫星系统到融合多种传感器数据，这一领域的技术不断进步，以应对复杂多变的交通环境和极端天气条件。我国对此类技术的重视不仅体现在政策支持上，更体现在对相关研究与创新的资金投入和人才培养上，这些政策和措施极大地促进了我国智能网联汽车定位技术的发展，也为汽车行业甚至为更广泛的智能制造业提供了新的发展机遇。

当前，智能网联汽车定位技术已不仅仅局限于汽车行业，其影响力逐渐扩展到智慧城市建设、物流配送、紧急救援等多个领域。这不仅为传统行业带来革新的可能，还为新兴产业的发展提供了广阔的舞台。作为未来科技和产业发展的重要组成部分，智能网联汽车定位技术的掌握和应用，对于培养新时代高素质技术人才、推动国家经济和社会可持续发展具有重要意义。因此，深入了解和掌握智能网联汽车定位技术，对于每位致力于汽车行业和智能技术领域的专业人士来说，是基础，也是关键。

知识准备

具有全球定位能力的导航卫星定位系统称为全球导航卫星系统（global navi-gation satellite system，GNSS）（见图 3-1-1）。目前，全球范围内应用广泛的导航卫星定位系统主要包括美国的 GPS，中国自主研发的北斗导航卫星系统（BeiDou Navigation Satellite System，BDS），俄罗斯的格洛纳斯导航卫星系统（Global Navigation Satellite System，GLONASS），以及欧盟的伽利略导航卫星系统（Galileo Navigation Satellite System，简称 Galileo）。

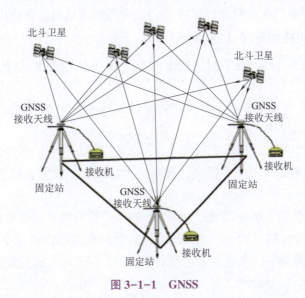

图 3-1-1　GNSS

一、GPS 的发展历史

GPS 的发展是一项复杂且历时数十年的工程，其发展历程可以分为以下几个重要阶段。

1. 初期探索和概念形成（20 世纪 50—60 年代）

1957 年，苏联发射世界上第一颗人造卫星"斯普特尼克"，标志着人类进入了太空时代。它启发了全世界的科学家和工程师，也促使美国开始考虑利用太空技术进行全球定位。

20 世纪 60 年代，美国海军开发海军导航卫星系统（Transit System），这是首个用于导航卫星的系统。虽然它主要用于潜艇的粗略定位，但为后来的 GPS 技术奠定了基础。

2. GPS 的确立和技术开发（20 世纪 70 年代）

1973 年，美国国防部确定了一个全新的全球定位系统概念，即后来的 GPS。这是一个由 24 颗卫星组成的系统，目的是提供精确的时刻和位置信息给用户。

1978 年，第一颗实验性 GPS 卫星发射升空，标志着正式开始构建 GPS。

3. 全球部署和初步运行（20 世纪 80 年代）

20 世纪 80 年代，美国陆续发射了多颗 GPS 卫星。至 1985 年，足够数量的卫星发射升空，使 GPS 开始具备初步的全球定位能力。

1983 年，韩亚航空 007 航班误入苏联领空被击落，这一事件凸显了全球民用航空安全的重要性，促使美国前总统罗纳德·里根宣布，GPS 将在完成后对民用领域开放。

4. 全面运行和民用开放（20 世纪 90 年代—21 世纪）

1991 年，GPS 在海湾战争中首次广泛应用于军事，显著提升了作战效率和精确度，彰显了 GPS 的巨大军事应用潜力。

1993 年，GPS 实现初步运行能力，意味着它可以提供 24 h 全球覆盖。

1995 年，GPS 实现全面运行能力，意味着它能够全天候为全球用户提供定位服务。

2000 年，美国政府关闭了 GPS 信号的选择利用性（selective availability，SA）功能，大幅提高了民用 GPS 设备的定位精度，促进了 GPS 在民用领域的广泛应用。

5. 系统现代化和技术升级（21 世纪）

2005 年，美国开始发射第二代升级版本的 GPS 卫星（GPS II R-M），引入了新的信号和更高的信号强度，为用户提供更可靠的服务。

21 世纪 10 年代，GPS III 系列卫星开始研发和发射，这些卫星将提供更高的精度、更强的抗干扰能力和更长的使用寿命。

持续改进，GPS 不断进行技术更新和改进，以适应不断增长的全球定位需求和新兴的技术挑战。例如，增加新的民用信号频率，提高抗干扰能力，提供更精确的定位和更可靠的服务。

GPS 的发展不仅改变了军事领域，也深刻影响了民用领域，包括航空、海洋导航、车辆导航、手机定位等多个领域。现在，GPS 已经成为全球社会经济活动中不可或缺的一部分，其精确的时空信息服务为各行各业带来了便利。同时，GPS 的发展还促进了相关科学技术的发展，包括天线设计、信号处理、航天技术等领域，推动了整个社会的科技进步。

二、北斗卫星导航系统的发展历史

北斗卫星导航系统是中国自主研发的全球导航卫星系统，其发展历史标志着中国在全球导航卫星领域的重要地位和技术进步。北斗卫星导航系统的发展可以分为以下几个阶段。

1. 初步探索阶段（20 世纪 80 年代—21 世纪）

20 世纪 80 年代，中国开始建立自己的导航卫星系统，目的是探索适合中国国情的卫星导航系统发展道路，提升国家安全和技术自主性。

1994 年，中国正式批准了北斗卫星导航系统的立项，开始了北斗卫星导航系统的研发工作。其中，北斗一号系统（BDS-1）在 2000 年发射首颗卫星，标志着中国进入了自主导航卫星系统的行列。

2003 年，北斗一号系统建成并开始提供服务，该系统主要覆盖中国及其周边地区，主要提供位置报告和短信通信服务。

北斗二号系统（BDS-2，区域系统）于 2007 年开始发射卫星，2012 年开始提供区域服务，覆盖亚太地区，提供定位、导航、时间服务和短信服务等。

2. 快速发展阶段（21 世纪 10—20 年代）

北斗三号系统（BDS-3，全球系统）于 2015 年开始发射卫星，这是北斗系统向全球服务迈出的重要一步。2018 年，北斗三号系统开始提供全球服务。至此，北斗卫星导航系统具备了与 GPS、GLONASS 等系统相媲美的全球覆盖能力。2020 年，北斗三号系统建成，并宣布开始全球服务。该系统由 30 颗卫星组成，包括中圆地球轨道卫星、地球同步轨道卫星和倾斜地球同步轨道卫星。

北斗卫星导航系统的发展不仅是一个技术项目，也是中国科技进步和自主创新能力的象征，对提升国家安全、经济发展和社会进步具有重要意义。随着北斗卫星导航系统的不断发展和完善，它将在全球导航卫星领域扮演越来越重要的角色。

三、GPS 组成和基本定位原理

GPS 是能在地球表面或者近地空间的任何地点为用户提供 24 h、三维坐标、速度以及时间信息的空基无线电定位系统，主要包括三大组成部分：空间卫星系统、地面监控系统和用户接收系统。

1. 空间卫星系统

GPS 的空间卫星系统由 24 颗卫星组成，包括 21 颗工作卫星和 3 颗备用卫星，它们分布在 6 个轨道平面内，相邻轨道之间的卫星夹角为 30°，每个轨道平面上有 4 颗卫星（轨道倾角为 55°）。卫星的分布使全球任何地方、任何时间可以观测到 4 颗以上的卫星。在用 GPS 信号进行定位导航时，为了计算车辆的三维坐标，至少需要 4 颗卫星；如果做实时差分（real-time kinematic，RTK），则基准站和移动站需要同步观测至少 5 颗卫星。

2. 地面监控系统

地面监控系统包括主控站、监测站和地面天线，用来实现地面对空间卫星的控制，负责收集卫星传回的信息，计算卫星星历、传输距离和大气校正等数据。

3. 用户接收系统

用户接收系统即 GPS 信号接收机，其主要功能是能够捕获到按一定卫星截止角选择的待测卫星，并跟踪这些卫星的运行轨迹。当接收机捕获到跟踪的卫星信号后，可以测量出接收天线至卫星的伪距和距离的变化率，解调出卫星轨道参数等数据。根据这些数据，接收机中的计算机可以按定位解算方法进行定位计算，计算出用户所在地理位置的经纬度、高度、速度、时间等信息。GPS 定位原理是以高速运动的卫星瞬间位置作为起算数据，并基于到达时间（time of arrival，TOA）原理或者载波相位原理测量观测点与 GPS 卫星之间的距离，最后采用空间距离后方交会的方法，估计观测点的位置。GPS 定位原理将在学习任务二导航函数认知中的导航卫星系统原理部分详细说明。

四、GPS 定位特性

1. GPS 的连续性

连续性是指 GPS 能够不间断地提供定位、导航和时间服务的能力，意味着无论时间、地点或条件如何，用户能够依靠 GPS 获得持续的定位信息。GPS 的连续性由其全球覆盖的卫星网络保证，系统由 24 颗以上的卫星组成，分布在 6 个不同的轨道平面上，确保任何时间、任何地点至少有 4 颗卫星可见，从而提供连续的定位服务。尽管 GPS 旨在提供全天候服务，但在极端条件下（如深谷、高楼林立的城市或严重的电离层干扰等），信号可能会受到阻碍，影响连续性。随着技术进步和系统更新，GPS 连续性仍在显著提升。

2. GPS 的实时性

实时性是指系统提供位置更新数据的速度和时效性。GPS 能够提供即时的位置和速度信息，对于需要快速响应的应用（如车辆导航、紧急响应等）至关重要。GPS 卫星连续发送信号，这些信号包含卫星的位置和时间信息。GPS 接收机通过计算不同卫星收到的信号的传播时间差来确定用户的位置，这个过程几乎是即时的，从而实现实时定位。

GPS 的实时性主要体现在 GPS 接收机更新有效定位数据的频率。卫星广播星历频率、GPS 完整捕获至少 4 颗卫星信号的时间跨度和 GPS 接收机解算定位数据所需时间等均会影响 GPS 接收机更新有效定位数据的频率。同时，GPS 接收机需要输出大量的完整定位数据，这些数据往往是通过串行形式输出，在一定程度上限制了 GPS 接收机的更新频率。

3. GPS 的误差特性

GPS 的误差特性涉及系统在提供位置信息时的准确性和可靠性。GPS 定位误差受多种因素影响，包括大气效应、多路径效应、电离层和对流层延迟误差、接收机钟差、卫星几何分布等。下面介绍影响 GPS 误差特性的主要因素。

1）大气效应

信号在通过电离层和对流层时会延迟，这种延迟会引起定位误差。

2）多路径效应

多路径效应误差主要由 GPS 接收机周围的地形、地物和各种建筑物等反射体引起，从而造成许多反射波叠加到接收机通道中，引起测距误差。

3）电离层和对流层延迟误差

电离层中大量自由离子的存在，影响 GPS 信号传播，导致传播速度不一致，这种不一致会产生测距误差。对流层是一个中性区域，GPS 在对流层内传播时会受到压力、温度和湿度等因素的影响，产生传播延迟。在相近的区域，对流层内的状态一致，因此采用特殊的技术可以补偿对流层导致的定位误差。

4）接收机钟差

接收机钟差是指接收机钟面时相对于 GPS 参考时的偏差，其误差取决于钟漂的大小。由于钟差与接收机大小有关，同一接收机观测的全部卫星对应于相同的钟差参数，所以在计算位置参数时可以一并估计此类误差。另外，通过采用差分全球定位系统（differential global positioning system，DGPS）等方法对观测值进行求差处理，也可以消除此项误差的影响。

5）卫星几何分布

精度几何因子（geometry dilution of precision，GDOP）表示定位精度受卫星几何分布影响的程度。当卫星分布不理想时，定位精度会降低。

GPS 的定位效果是上述 GPS 的连续性、实时性和误差特性 3 种定位特性综合作用的结果。图 3-1-2 所示为一个环形路径的 GPS 定位效果。

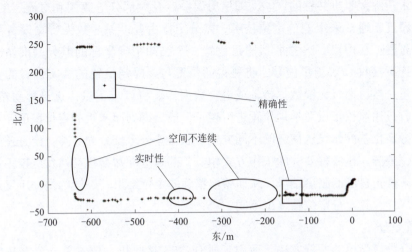

图 3-1-2　GPS 的定位效果（一个环形路径）

五、差分定位

差分定位的核心在于减少误差、提高定位精度。它是如何做到的？这个过程可以分解成以下几个关键步骤。

1）基本原理

①GPS 信号误差。

GPS 信号在从卫星传输到接收机的过程中会受到多种因素的干扰，主要包括电离层和对流层的延迟、卫星轨道或钟差的不精确、信号多路径效应等。这些干扰会导致定位误差，通常为几米到几十米。

②误差的共性。

同一区域内，误差对于相近位置的接收机来说，在短时间内是相似或可预测的。

2）差分的工作方式

①基站的角色。

在已知精确位置的地点，设置一个接收机（又称基站）。基站接收来自 GPS 的卫星信号，并计算出它的实际位置与通过 GPS 信号计算出的位置之间的差值。因为基站的实际位置是已知的，所以这个差值是由于信号干扰造成的误差。

②误差信息的传递。

基站将误差信息发送给附近的 GPS 接收机（移动用户），是通过专用无线电信号、互联网或其他通信方式完成的。

3）用户端的校正

①接收与校正。

用户的 GPS 接收机接收到来自 GPS 的卫星信号，并同时接收来自基站的误差信息。接收机使用这个误差信息来校正从卫星接收到的信号，计算出更加精确的位置。

②精度提高。

通过以上方法，原本几米甚至几十米的误差可以减少到 1 m 或更小，极大地提高了定位的精度。为了消除接收机共有的误差，即星历误差以及大部分电离层和对流层的延迟误差，提高定位的精度，通常采用差分定位技术。差分定位由基准站、数据传输设备和移动站组成。其工作过程：在用户 GPS 接收机附近设置一个已知精确坐标的差分基准站，基准站的 GPS 接收机连续接收 GPS 卫星信号，将测得的位置与该固定位置的真实位置的差值作为公共误差校正量；然后通过无线数据传输或电台数据传输将该校正量传送给移动站的接收机；移动站的接收机用该校正量对本地位置进行校正，最后得到厘米级的定位精度。

根据差分定位基准站发送信息的不同方式可以将差分定位分为 3 类：位置差分、伪距差分和载波相位差分。这 3 种差分的工作方式相似，都是基准站给移动站发送校正量，移动站用此校正量来修正自己的测量结果，从而获取精确的定位结果。不同的是，所发送校正量的具体内容不一样，其差分定位精度也不同。

1）位置差分

位置差分是最简单的差分方法，适用于所有 GPS 接收机。位置差分要求基准站与移动站观测完全相同的一组卫星。校正量为位置校正量，即基准站上的接收机对 GPS 卫星进行观测，确定出移动站的观测坐标。移动站的已知坐标与观测坐标之差就是位置校正量。

2）伪距差分

伪距差分（见图 3-1-3）是目前应用最广的一种技术。校正量为距离校正量，即利用基准站坐标和卫星星历可计算出站-星之间的计算距离。计算距离减去观测距离即距离校正量。

3）载波相位差分

载波相位差分（见图 3-1-4）又称 RTK 技术，是建立在实时处理两个观测站的载波相位基础上的。实现载波相位差分的方法分为两类：修正法和差分法，前者与伪距差分相同，基准站将载波相位校正量发送给移动站，以改正其载波相位，然后求解坐标；后者将基准站采集的载波相位发送给移动站，进行求差得到坐标。前者为准 RTK 技术，而后者为真正的 RTK 技术。

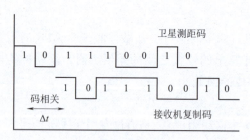

图 3-1-3　伪距差分

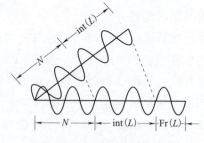

图 3-1-4　载波相位差分

六、GPS/DR 组合定位方式

航迹推算法（DR）是一种不依赖外部信号，通过计算设备自身的移动速度和方向来确定位置的方法，主要用于辅助 GPS 等导航卫星系统，在 GPS 信号不可用的环境下（如隧道、高楼大厦间的街道、室内等）提供持续的定位信息。DR 定位技术的工作原理基于一个简单的概念：假设知道一个物体从一个已知位置开始的速度和方向，可以计算出物体在任意给定时间的位置。因此，在实际应用中一般会依赖 IMU。IMU 中有加速计，它是一种测量物体加速度的传感器，能够检测物体在任意方向上的速度变化，即能实时获取加速度。加速度通过积分可以得到速度，速度再积分可以得到距离，将会在惯性导航系统（INS）中详细介绍。DR 技术具有在 GPS 信号不可用的环境中仍能提供定位信息、实时性好、可以连续提供位置更新等优点，同时也有其不足的地方：随着时间的推移，误差会累积增大。因此，每次的位置计算都是基于前一次可能已经包含误差的位置，并且需要初始定位点精确，以及定期通过 GPS 等外部信号校正位置，以减少误差。图 3-1-5 所示为带噪声的加速度信号随时间的变化，其中信号线上的小尖刺和不平滑的部分都可以归因于随机噪声，这些随机噪声会随着时间的累积增大，需要外部信号来校正这些误差。

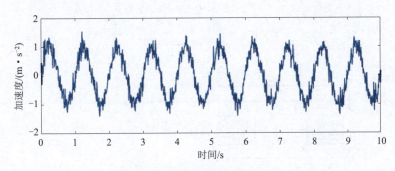

图 3-1-5　带噪声的加速度信号

由此可见，GPS 和 DR 技术有很好的互补性。一方面，GPS 输出的绝对位置信息不仅能够为 DR 提供初始的位置信息，同时也可以周期性纠正 DR 的累计误差；另一方面，DR 输出的高频定位结果可用于补偿 GPS 的定位盲区，从而平滑定位轨迹。因此，将两种方法进行合理的组合，充分利用两者定位信息的互补性，能够获得比单独使用一种方法时更高的定位精度和可靠性。

1. 基于切换式的 GPS/DR 组合定位

基于切换式的 GPS/DR 组合定位原理如图 3-1-6 所示，类似于一种开关的状态。当 GPS 信号有效时，则系统工作在 GPS 模式，同时利用 GPS 输出的定位信息对 DR 推算的位置进行更新；当 GPS 信号无效时，系统切换到 DR 模式。但由于基于切换式的 GPS/DR 组合定位并没有将两套系统的信息融合在一起，因此两者的优点不能得到充分发挥。

2. 数据融合式 GPS/DR 组合定位

GPS/DR 组合定位的数据融合方法有很多，卡尔曼滤波方法是其中应用最多，也是最经典的一种。卡尔曼滤波方法将 GPS 和 DR 的信息同时用于定位解算的推算过程，使 DR 系统状态在滤波过程中不断得到修正。组

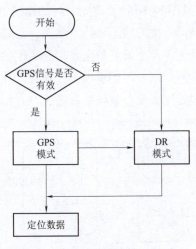

图 3-1-6　基于切换式的 GPS/DR 组合定位原理

合定位的输出可以提供较准确的初始位置和方向信息，从而使在 GPS 失效后，DR 推算的时间和空间的有效性得到提高。

1）松耦合与紧耦合组合定位

根据系统利用 GPS 信息方式的不同，基于卡尔曼滤波的 GPS/DR 组合定位可以分为松耦合组合定位和紧耦合组合定位两种。图 3-1-7 所示为松耦合和紧耦合组合定位原理。松耦合直接利用 GPS 接收机输出的位置 p、速度 v 和加速度 a 信息，与 DR 输出的航向角 θ 和速度 v 进行数据融合，如图 3-1-7 实线所示。紧耦合则利用 GPS 接收机输出的原始信息（如伪距 ρ、伪距率和星历数据等）和 DR 输出的信息（如速度变化 Δv 和航向角变化 $\Delta \theta$）进行数据融合，如图 3-1-7 虚线所示。

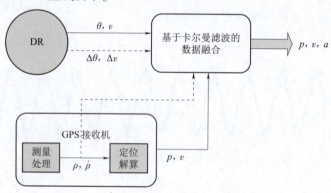

图 3-1-7　松耦合和紧耦合组合定位原理

2）互补式组合定位

利用卡尔曼滤波器是将各传感器的观测值输入一个单独的数据融合模型中，并进行集中处理，理论上可以获得系统的最优估计，但在实际应用中仍然存在缺陷。采用分散式滤波技术，可以部分避免或削弱集中式滤波器的缺陷。分散式滤波技术采用一个主滤波器和一组局部滤波器来取代原有单独的集中式滤波器，同时相应的数据处理过程也同样由两个阶段组成（见图 3-1-8）。首先，局部滤波器接收来自对应传感器的信息并进行局部滤波处理，产生局部最优的状态估计；然后，各局部滤波器输出的局部状态估计送入主滤波器进行集中融合处理，产生最终的全局状态最优估计。在分散滤波过程中，由于不同传感器的数据被单独和并行处理，因而减少了计算量，计算效率大大提高。与此同时，局部滤波器的存在也使整个多传感器融合系统的容错能力有所提高。

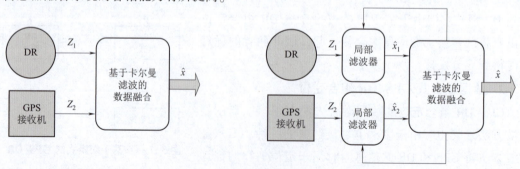

图 3-1-8　集中式与互补式组合定位原理

互补式卡尔曼滤波器实际上是一种特殊的分散式卡尔曼滤波器，它的特殊之处在于其主滤波器是基于误差状态建立的最优估计模块。多个局部滤波器状态估计的差值作为主滤波器的观测值，基于这些观测值，主滤波器输出误差状态的最优估计，然后将误差状态估计反馈到局部滤波器中并与其估计值进行叠加，输出最终的状态估计。

组合导航系统标定是自动驾驶中非常关键的一个步骤，涉及多个不同类型的传感器，精确校准车辆上的多种传感器使各个传感器之间的数据协同工作，实现更精准的定位与导航。组合导航系统使用多种传感器进行位姿估计，因此每个传感器的位置、方向、时间戳等参数必须精确校准。标定过程是确保这些传感器的坐标系一致，使融合后的数据不会因各自坐标系的误差影响最终的定位精度，特别是在动态驾驶过程中，标定精度直接关系到整体系统的稳定性和可靠性。每个传感器会存在不同程度的噪声和漂移问题，标定过程帮助识别和量化这些误差，使融合算法能够更好地处理这些误差。比如，IMU 数据存在累积误差，但通过标定后与 GPS 和其他传感器配合，系统能够动态校正这一误差，从而提高整体的定位精度。

因此，拿到组合导航系统的第一步是对其进行配置和标定，精确标定后的组合导航系统为高层决策和控制算法（如路径规划、避障等）提供可靠的位姿信息。标定过程不仅会影响底层的传感器融合，还会影响整个自动驾驶车辆定位系统的运行效率与准确性。

任务实施

实训　组合导航系统的配置和标定（中型车）

一、任务准备

1. 场地设施

组合导航系统 Newton-M2 一台，蘑菇头及馈线两套，计算机一台，智能网联小车一辆，工控机一台。

2. 学生组织

分组进行，在智能网联汽车测试场地进行实训。实训内容如表 3-1-1 所示。

表 3-1-1　实训内容

时间	任务	操作对象
0~10 min	组织学生讨论定位技术	教师
11~30 min	组合导航系统的配置和标定实操	学生
31~40 min	教师点评和讨论	教师

二、任务实施

1. 开展实训任务

开展实训任务前准备一根 RS-232 转 USB 线束和卷尺。

（1）按下试验车开关，等待组合导航系统上电（20 s），此期间不启动遥控器。

（2）用提前准备好的 RS-233 转 USB 线束的 RS-232 一端接入组合导航系统的 COM0 接口，另外一端接入计算机的 USB 接口。

（3）打开计算机上的 COMCenter，在软件左上角选择 COM4（连接上了才会显示），如图 3-1-9 所示。

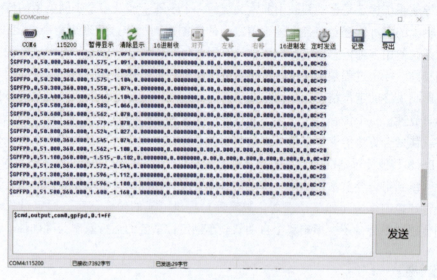

$GPFPD,0,149.600,0.000,1.650,-0.674,0.00000000,
$cmd,set,navmode,FineAlign,off*ff
$cmd,set,navmode,coarsealign,off*ff
$cmd,set,navmode,dynamicalign,on*ff
$cmd,set,navmode,gnss,double*ff
$cmd,set,navmode,carmode,on*ff
$cmd,set,navmode,dmicali,off*ff
$cmd,set,navmode,zupt,off*ff
$cmd,set,navmode,firmwareindex,0*ff
$cmd,config,ok*ff

图 3-1-9　COMCenter 操作界面

（4）根据要求输入惯导配置指令。

①对串口参数进行配置。

```
$ cmd,set,com0,115200,none,8,1,rs232,log*ff//设置串口 COM0 的波特率为 115200
$ cmd,set,com1,115200,none,8,1,rs232,log*ff
$ cmd,set,com2,115200,none,8,1,rs232,log*ff
$ cmd,set,usb0,log*ff
```

②对网口参数进行配置。

```
$ cmd,set,localip,192,168,1,6*ff//设置惯导 IP,根据需求更改
$ cmd,set,localmask,255,255,255,0*ff //子网掩码,不需要更改
```

```
$ cmd,set,localgate,192,168,1,1 * ff //设置网关,根据需要更改
$ cmd,set,netipport,203,107,45,154,8002 * ff //不需要更改
$ cmd,set,ntrip,enable,enable * ff //不需要更改
$ cmd,set,netuser,qxnsv0011:e282de7 * ff //设置千寻账号,qxnsv0011 为账号,e282de7
为密码
$ cmd,set,mountpoint,RTCM32_GGB * ff //不需要更改
$ cmd,set,udpserver0,192,168,1,102,7000 * ff //工控机 IP 以及接收端口
$ cmd,set,udpserver1,192,168,1,102,7001 * ff //工控机 IP 以及接收端口
$ cmd,set,udpport,8000,8001 * ff //不需要更改
$ cmd,set,tftpport,69 * ff //不需要更改
```

③输出协议配置。

```
$ cmd,output,net0,gpfpd,0.020 * ff //网口 net0 输出 GPSFPD 协议信息,频率为 50Hz
$ cmd,output,net0,gtimu,0.020 * ff
$ cmd,output,net0,gpgga,0.200 * ff
$ cmd,output,net1,gpfpd,0.200 * ff
$ cmd,output,net1,gpgga,0.200 * ff
$ cmd,output,net1,gprmc,0.200 * ff
$ cmd,output,net1,gphpd,0.200 * ff
```

④导航模式配置。

```
$ cmd,set,navmode,FineAlign,off * ff
$ cmd,set,navmode,coarsealign,off * ff
$ cmd,set,navmode,dynamicalign,on * ff
$ cmd,set,navmode,gnss,double * ff
$ cmd,set,navmode,carmode,on * ff
$ cmd,set,navmode,azicali,off * ff
$ cmd,set,navmode,zupt,on * ff
$ cmd,set,navmode,firmwareindex,0 * ff
$ cmd,set,navmode,baro,off * ff
$ cmd,set,navmode,leverarmdmicali,off * ff
$ cmd,set,navmode,leverarmnhccali,off * ff
$ cmd,set,navmode,leverarmgnsscali,off * ff
```

⑤坐标轴配置。

```
$ cmd,set,coordinate,x,y,z * ff //右为正 X,前为正 Y,上为正 Z,
```

⑥GNSS 航向补偿配置。

```
$ cmd,set,headoffset,0.0000 * ff //蘑菇头连线与车辆前进的方向夹角为 0
```

（5）组合导航系统的标定。

用卷尺测量出后天线在 X、Y、Z 方向上与组合导航系统中心的距离以及组合导航系统

中心到后轴中心的距离 X_1、Y_1、Z_1。将测量结果输入到 COMCenter 里，右为正 X，前为正 Y，上为正 Z，单位为 m，例如后天线距离组合导航系统的距离为 0 m、−0.11 m、0.67 m。

```
$ cmd,set,leverarm,gnss,X,Y,Z * ff
$ cmd,set,leverarm,point,X1,Y1,Z1 * ff
```

（6）完成配置和标定后保存配置。

在 COMCenter 中输入如下指令。

```
$ cmd,save,config * ff
```

出现 $ cmd,saveok * off 为保存成功。

2. 检查实训任务

单人实操后完成实训工单（见表 3-1-2），请提交给指导教师，现场完成后教师给予点评，作为本次实训的成绩计入学时。

车辆定位技术

表 3-1-2　组合导航系统的配置和标定（中型车）实训工单

实训任务				
实训场地		实训学时		实训日期
实训班级		实训组别		实训教师
学生姓名		学生学号		学生成绩
实训准备	实训场地准备			
	清理实训场地杂物（□是　□否）			
	防护用品准备			
	1. 检查并佩戴劳保手套（□是　□否）			
	2. 检查并穿戴工作服（□是　□否）			
	3. 检查并穿戴劳保鞋（□是　□否）			
	车辆、设备、工具准备			
	1. 准备 RS-232 转 USB 线束（□是　□否）			
	2. 智能网联小车			
	（1）检查遥控器和小车电量（□是　□否）			
	（2）检查组合导航系统工作情况（□是　□否）			
	（3）检查急停开关工作情况（□是　□否）			
	（4）检查计算机中 COMCenter 是否能够正常打开（□是　□否）			
实训过程	操作步骤		考核要点	
	1. 工控机上电 2. 用 RS-232 转 USB 线束连接组合导航系统的 COM0 接口和计算机的 USB 接口 3. 打开 COMCenter，左上角选择 COM4 4. 对组合导航系统的串口参数、网口参数等进行配置 5. 对组合导航系统进行标定 6. 对已经进行的配置操作进行保存		1. 正确启动工控机（□是　□否） 2. 正确连接线束（□是　□否） 3. 正确对组合导航系统参数进行配置（□是　□否） 4. 正确对组合导航系统进行标定（□是　□否） 5. 正确保存配置（□是　□否）	

3. 技术参数准备

以本书为主。

4. 核心技能点准备

（1）准确、完整地分析场景要素。

（2）实训时严格按要求操作，并穿戴相应防护用品（工作服、劳保鞋、劳保手套等）。

（3）可以配置和标定组合导航系统。

5. 作业注意事项

（1）场地要开阔、无遮挡。

（2）配置完成需要保存。

（3）实训时要严格按照操作手册步骤执行。

任务评价

任务完成后填写任务评价表3-1-3。

表3-1-3 任务评价表

序号	评分项	得分条件	分值	评分要求	得分	自评	互评	师评
1	安全/7S/态度	作业安全、作业区7S、个人工作态度	15	未完成1项扣1~3分，扣分不得超15分		□熟练 □不熟练	□熟练 □不熟练	□合格 □不合格
2	专业技能能力	正确穿戴个人防护用品	5	未完成1项扣1~5分，扣分不得超45分		□熟练 □不熟练	□熟练 □不熟练	□合格 □不合格
		正确检查确认车辆状态	5					
		正确完成车辆上电	5					
		正确配置组合导航系统	10					
		正确测量并标定	10					
		成功保存配置	10					
3	工具及设备使用能力	正确将RS-232转USB线束分别插入组合导航系统和计算机对应的接口	10	未完成1项扣1~5分，扣分不得超10分		□熟练 □不熟练	□熟练 □不熟练	□合格 □不合格
4	资料、信息查询能力	组合导航系统用户手册	10	未完成1项扣1~5分，扣分不得超10分		□熟练 □不熟练	□熟练 □不熟练	□合格 □不合格
5	数据判断和分析能力	判断指令输入是否正确	10	未完成1项扣1~5分，扣分不得超10分		□熟练 □不熟练	□熟练 □不熟练	□合格 □不合格
6	表单填写与报告撰写能力	实训工单填写	10	未完成1项扣0.5~1分，扣分不得超10分		□熟练 □不熟练	□熟练 □不熟练	□合格 □不合格
总分：								

 试题训练

一、判断题

1. 目前全球范围内应用广泛的卫星定位系统主要包括美国的全球卫星定位系统，中国自主研发的北斗卫星导航系统，俄罗斯的伽利略卫星导航系统，以及欧盟的格洛纳斯卫星导航系统。（   ）

2. 北斗卫星导航系统是中国自主研发的全球卫星导航系统。（   ）

3. 全球卫星定位系统主要由三大组成部分：空间卫星系统、地面监控系统和用户接收系统。（   ）

4. 差分定位的核心在于减少误差，提高定位精度。（   ）

5. DR 技术是一种不依赖外部信号，通过计算设备自身的移动速度和方向来确定位置的方法。（   ）

二、选择题（多选/单选）

1. 属于中国的定位系统是（   ）。

A. GPS
B. BDS
C. GLONASS
D. Galileo

2. GPS 差分定位方法不包括（   ）。

A. 位置差分
B. 伪距差分
C. 载波相位差分
D. 卡尔曼滤波差分

3. 在 GPS 信号进行定位导航时，如果做 RTK，则基准站和移动站要同步观测至少需要（   ）颗卫星。

A. 1
B. 2
C. 3
D. 4

4. 用 DR 技术知道一个物体从一个已知位置开始的（   ），就可以计算出这个物体在任何给定时间的位置。

A. 经度
B. 经度和纬度
C. 经度、纬度和海拔
D. 速度和方向

5. 差分定位的核心在于（   ），提高定位精度。

A. 标定
B. 精确的速度
C. 精确的加速度
D. 减少误差

学习任务二　导航函数认知

任务描述

组合导航系统的作用是在多种传感器的基础上，提供更精确和可靠的定位信息。单一传感器在某些场景下具有局限性和不确定性，而组合导航系统通过融合来自不同传感器的数据来提高定位精度。组合导航系统中的导航卫星系统和惯性导航系统具体是使用什么方式进行工作的？其中会有什么样的误差？用什么公式和模型进行修正？

任务目标

知识目标

1. 了解导航函数中导航卫星系统中 GNSS 定位原理、差分定位。
2. 理解程序是如何获取并解析卫星数据的。
3. 了解惯性导航系统原理，理解惯性导航系统组成。
4. 理解惯性导航处理器中惯性导航的工作流程。

技能目标

1. 掌握组合导航系统的命令行启动方式。
2. 掌握差分定位状态下对地图数据进行录制。

素质目标

1. 遵守职业道德，树立正确的价值观。
2. 引导崇尚劳动精神，逐步提升服务社会的意识。
3. 弘扬工匠精神，塑造精益求精的品质。
4. 培养协同合作的团队精神，自觉维护组织纪律。

任务导入

本任务将从导航卫星系统原理谈起，分析惯性导航系统技术如何在智能网联汽车中实现高精度定位，确保导航的准确性和可靠性，这不仅是科技创新的成果，也是国家支持高新技术产业发展的体现。本任务引导学生理解惯性导航系统原理，讲解其在智能网联汽车中如何与卫星导航系统互补，增强系统在复杂环境下的稳定性和抗干扰能力。通过本任务，学生将学习到持续创新和研究是提升国家自主创新能力的核心，也是实现国家长远发展规划的基础。探讨组合导航系统的综合应用将着重讨论惯性导航系统原理技术整合组合导航系统组合方式的体现，认识到智能网联汽车技术的发展不仅是一场工业革命，还是对我国科技进步、经济发展的有力支撑。

知识准备

一、组合导航系统

IMU/GPS 组合导航系统是一种基于微电子机械系统 IMU 和 GPS 的导航系统，通过将 IMU 和 GPS 的测量数据进行集成和融合，提供更准确和可靠的位置、速度和姿态信息。IMU 和 GPS 的基本原理：IMU 主要由 3 个加速度计和 3 个陀螺仪组成，用于测量物体的加速度和角速度；GPS 则通过接收卫星发射的信号来测量接收机与卫星之间的距离，从而确定接收机的位置。IMU 和 GPS 各自具有一定的测量误差，但是通过集成和融合它们的测量数据，可以大幅提高导航系统的性能。

首先，在运行 IMU/GRS 组合导航系统时，需要对 IMU 和 GPS 的数据进行预处理，并且需要进行误差补偿和积分处理。误差补偿包括陀螺仪零偏校准和加速度计校准等，以减小测量误差；积分处理则可以将加速度计的测量值积分得到速度和位置信息，将陀螺仪的测量值积分得到姿态信息。

其次，需要进行导航滤波的处理。导航滤波是将 IMU 和 GPS 的数据进行集成和融合的关键步骤，常用的滤波算法包括卡尔曼滤波和粒子滤波等。卡尔曼滤波是一种利用概率统计的方法对系统状态进行估计和预测的算法，可以融合 IMU 和 GPS 的数据，提供更准确和可靠的导航结果；粒子滤波则是一种基于蒙特卡洛方法的滤波算法，通过对系统状态进行随机取样，逐步逼近真实状态。

最后，需要考虑导航系统的误差补偿和校准。导航系统在使用过程中，由于环境变化和传感器老化等因素，可能会产生误差和漂移。为了提高系统的精度和可行性，需要进行误差补偿和校准。误差补偿包括对 IMU 和 GPS 数据的实时校准和修正，以减小测量误差；校准则包括对传感器的定标和校准，以保证传感器的准确性和一致性。

下面详细介绍导航卫星系统原理和惯性导航系统原理。

二、导航卫星系统原理

导航卫星系统是基于一组围绕地球运行的卫星，为全球用户提供定位、导航和时间同步服务。这些系统包括美国的 GPS、中国的 BDS、俄罗斯的 GLONASS、欧盟的 Galileo。

1. GNSS 定位原理

基于数学上求解多元方程组可知，通过三维空间的无源测距，可以求解 GNSS 导航定位解。如果仅使用单颗卫星的测距信息，则用户定位解的轨迹为以卫星为球心、半径为 r 的球面，即一个位置面（surface of position，SOP）。若使用两颗卫星的测距信息，则用户定位解的轨迹为半径分别为两个球的相交圆。如果再增加第三颗卫星的测距信息，则用户定位解限制在图 3-2-1 所示圆上的两个点上。对于大多数应用情况，实际上仅存在一个定位解，而另一个定位解可能在太空，也可能在地球内部或者是在用户操作区域之外。如果两个定位解都可行的话，则可以使用第四个距离测量值来解决定位解的模糊性。

在 GNSS 中，接收机和卫星的时钟并不是同步的，因此产生的测量值为伪距，而不是距

离。从卫星 s 到用户天线 a 的伪距为

$$\rho_a^s = r_{as} + (\delta t_C^a - \delta t_C^s)c \tag{3-1}$$

式中，r_{as} 为对应的真实距离；δt_C^a 为接收机的钟差；δt_C^s 为卫星的钟差。

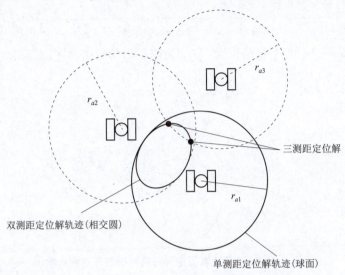

图 3-2-1　基于单、双和三测距信息定位解的轨迹

卫星的钟差由控制段来测量，并通过导航电文发射，因此导航处理器能够校正卫星钟差。而接收机的钟差是未知的，但是对于一个给定的接收机，对所有同时接收的伪距测量值，接收机钟差是一样的。因此，它可以作为导航解的一部分和用户位置一起求解。

除非采用限制条件，GNSS 的导航解是四维的，包含 3 个位置和 1 个接收机钟差。四维导航解的求解，至少要求 4 颗不同的 GNSS 卫星的测量值，这就是通常所说的四星定位的来历。图 3-2-2 所示信号的几何分布可以说明这个问题。如果半径等于伪距的球面放置在 4 颗卫星中任意 1 颗卫星周围，正常情况下，4 个球面不存在任何交叉点。但是，每一个伪距减去由接收机钟差造成的距离误差，则仅剩下距离。而半径等于该距离的 4 个球面相交于用户的位置点。因此，通过调整 4 个球面的半径，调整至大小相等，直到它们相交，就能够得到用户的位置点。在实际中，位置和钟差是同时求解的，且如果存在两个解，仅其中一个解是切实可行的位置解。

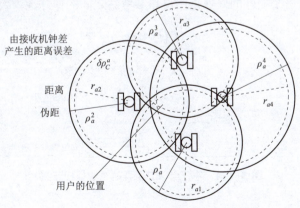

图 3-2-2　基于 4 个伪距测量值的位置求解

经过卫星钟差（以及其他已知误差）修正后的每个伪距测量值 $\tilde{\rho}_{a,C}^{s}$，可以表示为在信号发射时刻 $t_{st,a}^{s}$ 卫星的位置 r_{is}^{i}，在信号到达时刻 $t_{sa,a}^{s}$ 用户天线位置 r_{ia}^{i} 和接收机钟差导致的测距误差 $\delta\rho_{C}^{a}$ 的函数（见图 3-2-3），即

$$\tilde{\rho}_{a,C}^{s}=\sqrt{\left(r_{is}^{i}\left(t_{st,a}^{s}\right)-r_{ia}^{i}\left(t_{sa,a}^{s}\right)\right)^{\mathrm{T}}\left(r_{is}^{i}\left(t_{st,a}^{s}\right)-r_{ia}^{i}\left(t_{sa,a}^{s}\right)\right)}+\delta\rho_{C}^{a}\left(t_{sa,a}^{s}\right) \qquad (3-2)$$

式中，忽略测量噪声，r_{is}^{i} 为卫星的位置；$\tilde{\rho}_{a,C}^{s}$ 为修正后的每个伪距测量值。

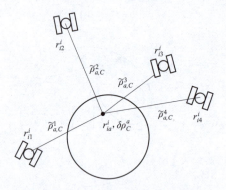

图 3-2-3　使用 4 颗卫星导航信号确定导航解示意

根据导航电文中广播的一系列描述卫星轨道的参数（称星历），以及修正后的卫星信号发射时刻测量值，可以求解卫星的位置。如果信号的到达时刻一样，那么由天线位置和接收机钟差构成的 4 个未知量对每一颗卫星的伪距方程来说都是相同的。因此，通过求解 4 个由伪距测量值构成的瞬间方程可以得到 4 个未知量的解。用同样的方法，采用一系列的伪距测量值即伪距的变化率，可以求解用户天线的速度和接收机的钟差漂移。除了导航和定位功能外，GNSS 还可用于授时服务，用来同步一个网络中的所有时钟。

2. 差分定位

由星历预报误差以及卫星时钟、电离层、对流层误差的残差导致的相关测距误差，随时间和用户位置缓慢变化。已知位置上的参考站（reference station，又称基准站），可以用来比较伪距测量值，从而检定出相关测距误差。由于残留信号跟踪与多径误差，导航解算精度得到提高，这就是差分全球卫星导航系统（differential GNSS，DGNSS）原理，如图 3-2-4 所示。DGNSS 带来的一个额外的好处是用户和参考站之间的地球潮汐效应大幅削弱。

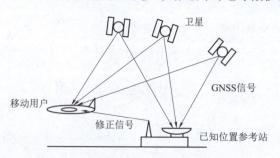

图 3-2-4　差分全球卫星导航系统原理示意

北斗卫星导航系统

卫星定位技术类型

1）误差

表 3-2-1 给出了 GNSS 相关误差源随时间和空间的典型变化情况，可以看出 DGNSS 导航解算精度随用户相对参考站的距离变化以及相对检定数据的延迟而变化。由用户远离参考站而导致的相关测距误差发散称为空间解相关（spatial decorrelation），由测量时间不一致导致的相关测距误差发散则称为时间解相关（time decorrelation）。

表 3-2-1　GNSS 相关误差源随时间和空间的典型变化情况

误差源	100 s 变化	水平距离 100 km 变化	垂直距离 1 km 变化
卫星时钟	0.1 m	—	—
星历	0.02 m	0.01 m	可忽略
电离层（未校正）	0.1 ~ 0.4 m	0.2 ~ 0.5 m	可忽略
对流层（未校正）	0.1 ~ 1.5 m	0.1 ~ 1.5 m	1 ~ 2 m *
*地面参考站。			

卫星时钟误差对所有用户而言都是相同的；星历误差的空间变化很小，时间变化也很小。电离层、对流层误差则大得多，而且受观测仰角、时间延迟和天气影响很大。当接收机之间存在"气象锋"时，对流层误差的空间变化达到最大。位置不同的用户，多路径误差是不相关的，从而无法通过 DGNSS 进行修正，因此必须在参考站达到最小化，以避免对移动用户的导航解算产生破坏性影响。采用窄的超前滞后相关器间隔和窄的跟踪环路带宽，结合载波平滑的伪距测量，并使用高性能参考振荡器，可使跟踪误差最小，窄的超前滞后相关器间隔同时减小了多路径干扰的影响。

2）导航卫星系统数据获取

一个基本的车辆导航系统需要一个 GPS 模块用于获取车辆的实时位置，一个中央处理器（CPU）用于执行导航函数，以及一个显示屏向用户提供人机交互界面。

用 GPS 模块来获取当前位置信息，利用实例 gpsreciever 中的 Update() 方法来更新 GPS 数据，具体方法如下。

```cpp
void CAnalysisGPS_IMU::Update()
{
  std::string buf_string;
  char buf[4096];
recvlen=recvfrom(fd, buf, BUFSIZE, 0, (struct sockaddr *)&remaddr, &addrlen);
  bool check_bit=check(buf);
if(check_bit){
    char GPSHead[10];
memset(GPSHead,0,10);
memcpy(GPSHead,buf,6);
if(0 ==strcmp(GPSHead,"$GPFPD")||0 ==strcmp(GPSHead,"$GNFPD"))
  {
    DataGPFPD(buf,recvlen-1);
```

```
        Data_struct.GPFPDflag=true;
    }
    else if(0 ==strcmp(GPSHead," $ GTIMU"))
    {
        DataGTIMU(buf,recvlen-1);
        Data_struct.GTIMUflag=true;
    }
    else if(0 ==strcmp(GPSHead," $ GPGGA")||0 ==strcmp(GPSHead," $ GNGGA"))
    {
        DataGPGGA(buf,recvlen-1);
        Data_struct.GGAflag=true;
    }
```

以上程序主要做了以下事情。

（1）接收数据：通过 recvfrom 函数从一个网络接口接收数据，数据存储在 buf 缓冲区中。

（2）检查数据：通过 check 函数检查接收到的数据是否有效，通常涉及校验数据的完整性和正确性。

（3）解析数据类型：根据接收到的数据的头部标识（如 $ GPFPD, $ GNFPD, $ GTIMU, $ GPGGA, $ GNGGA）确定数据的类型。

（4）解析数据内容：根据数据类型调用相应的函数（如 DataGPFPD, DataGTIMU, DataGPGGA）解析具体的数据内容，并更新相应的数据结构。

（5）设置标志位：每当某种类型的数据成功更新后，相应的标志位（如 GPFPDflag, GTIMUflag, GGAflag）设置为 true，表示新的数据已经可用。

获取到原始卫星数据后用 gps 进行经度、纬度等数据存储，程序如下。

```
sensor_driver_msgs::GpswithHeading gps;
gps.header.frame_id="gps_frame";
gps.header.stamp=ros::Time::now();
gps.gps.header=gps.header;
gps.gps.latitude=tem_gps_data->dLatitude;
gps.gps.longitude=tem_gps_data->dLongitude;
double heading_angle=tem_gps_data->PHDT_heading;
if(heading_angle<=0)
heading_angle=-heading_angle;
else
heading_angle=360 -heading_angle;
if(heading_angle>180)
heading_angle -=360;
gps.heading=heading_angle;
```

```
gps.gps.altitude=tem_gps_data->Altitude;
gps.modecal=tem_gps_data->HDOP;
gps.mode=tem_gps_data->DGPSState;
    GPS_Pub.publish(gps);
ros::Publisher GPS_Pub=nh.advertise<sensor_driver_msgs::GpswithHeading>("GPSmsg",50);
```

以上程序首先定义了一个 sensor_driver_msgs::GpswithHeading 类型的变量 gps，这是一个专门用于携带 GPS 数据及其航向信息的 ROS 消息类型。消息的头部（header）被赋予了当前的时间戳和一个特定的帧 ID（"gps_frame"），这样做是为了确保消息可以被正确的时间同步和在正确的坐标系中解释。随后，程序将接收到的 GPS 数据（假定通过某种方式存储在 tem_gps_data 指针中）分别赋值给消息的相应字段，包括纬度、经度和高度等信息。

特别注意的是，航向角的处理部分采取了特殊的逻辑来确保航向角的值范围为-180°~180°，这是因为航向角的表示需要符合特定的标准，以便后续的处理和解析。航向角首先根据其原始值被调整至 0°~360°，然后进一步调整以确保其落在-180°~180°范围内。处理后的航向角被赋值给 gps.heading。

除了位置和航向信息外，消息还包含了水平精度衰减因子（HDOP）和差分定位（DGPS）状态，这些信息对于评估定位数据的准确性非常重要。最终，通过一个名为 GPS_Pub 的 ROS 发布者，这个经过精心准备的 gps 消息发布到了名为"GPSmsg"的 ROS 话题上。这是发布者通过调用 nh.advertise 方法创建的，它声明了消息的类型、话题名称以及队列大小。

三、惯性导航系统原理

惯性导航系统，又称惯性导航单元（inertial navigation unit，INU），是推算导航系统的范例。位置结果通过积分速度获得，速度结果通过积分 IMU 测量的加速度获得，姿态结果也是通过积分 IMU 测量的角速率获得。经过初始化后，系统不再需要新的外部环境信息，惯性导航也能持续工作。因此，惯性导航系统是自治系统。

20 世纪 60 年代至今，惯性导航系统用于民航、军用飞机、潜艇、军舰以及制导武器等。惯性导航系统既可以单独工作，也可以作为组合导航系统的一部分使用。对于一些新的应用，如轻型飞机、直升机、无人机、陆地车辆、移动建图、步行导航等，一般采用低成本的传感器建立惯性导航系统，从而构成惯性导航系统和 GNSS 组合导航或多传感器组合导航系统的一部分。

惯性导航系统基本结构包括一个 IMU 和一个导航处理器，如图 3-2-5 所示。其功能是利用一组加速度计和陀螺测量比力和角速率。在航海、航空和中等精度级别的惯性导航系统中，导航传感器往往被集成为惯性导航系统的一部分出售；而战术级惯性传感器，通常只作为 IMU 出售。不管采用哪种传感器配置方式，功能都是相同的。本任务中的惯性导航系统是指能够获取三维导航结果的惯性传感器测量系统。惯性导航计算是一个迭代计算过程，需要用到前一时刻的计算结果。因此，在惯性导航系统正式工作前，必须对它进行初始化。惯性导航系统的误差可能来源于 IMU、初始对准过程以及导航计算过程。这些误差源借助惯性导航方程传播，产生随时间变化的位置误差、速度误差和姿态误差。

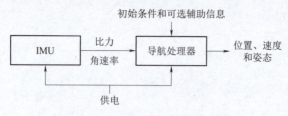

图 3-2-5　惯性导航系统基本结构

1. 惯性导航介绍

考察一维惯性导航示例如下。载体 b 相对于地球固联参考 p 坐标系，被约束在垂直于重力的方向上做直线运动，载体的各轴向相对于 p 坐标系的姿态保持不变，因而载体的运动只有一个自由度。敏感轴沿运动方向安装的单个加速度计，可以测量载体的地球参考加速度（忽略科里奥利力，简称科氏力）。如果已知初始时刻 t_0 的速度，记为 $V_{pb}(t_0)$，那么后续时刻 t 的速度可以通过对加速度计的积分简单确定。

类似地，如果已知初始时刻 t_0 的位置，记为 $r_{pb}(t_0)$，那么后续时刻 t 的位置可以通过对速度的积分获取。将一维的例子扩展到二维空间，载体的运动现在约束于水平面上，该平面由 p 坐标系的 Z 轴和 Y 轴定义。载体可以在平面内任意方向运动，但仍被约束在平面上。因此，载体具有一个角自由度和两个线自由度。

为了测量两个正交方向上的加速度，需要两个加速度计。加速度计的敏感轴需要与载体的轴对齐。要确定 p 坐标系各轴向上投影的加速度，还需要知道载体坐标系相对于 p 坐标系的航向角 ψ_{pb}，如图 3-2-6 所示。载体坐标系相对 p 坐标系转动，可以用单个陀螺测量水平面上的转动（忽略地球自转）。因此，测量二维空间内 3 个自由度的运动，需要使用 3 个惯性器件。

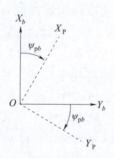

图 3-2-6　水平面内载体坐标系相对于 p 坐标系的航向角

三维空间中的运动一般有 6 个自由度：3 个线自由度和 3 个角自由度，因此测量运动需要 6 个传感器。完整配置的捷联 IMU，输出比力的测量值 f_{ib}^b，以及角速率的测量值 ω_{ib}^b，这些值是载体坐标系相对于惯性空间的运动，用载体坐标系中的投影表示。运动的测量并不相对于地球，传感器的输出也可以是比力积分 v_{ib}^b 和姿态增量 α_{ib}^b。一般地，并不存在直接测量纯加速度的加速度计。因此，从比力测量中确定相对于惯性空间的加速度，还需要结合引力加速度的模型。图 3-2-7 给出了惯性导航处理器的结构，通过对 IMU 输出积分，生成更新后的位置、速度和姿态等惯性导航结果。导航方程的求解分为以下 4 个步骤。

（1）姿态更新。

（2）比力坐标转换，该转换是从 IMU 载体坐标系，到位置、速度求解坐标系的。

（3）速度更新，包括采用重力或引力模型将比力转化为加速度的过程。

（4）位置更新。

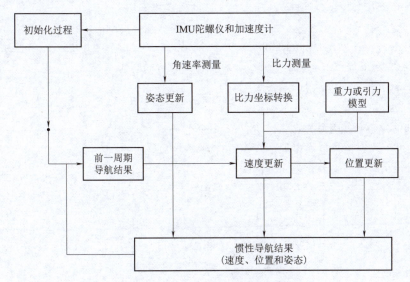

图 3-2-7　惯性导航处理器的结构

2. 惯性导航系统数据获取

对惯性导航系统进行通信模块的初始化处理，加载配置文件以及初始化一些其他的计数器和状态变量。

```
boolinit()
{
Module_On=false;
autoMapCounter=0;
autoMapIndex=0;
serial_on=false;
if(! Module_On)
{
if(LoadConfigFile(configstr_.c_str())= =true)
{
#ifdef TANGPLATFORM_76GF6
CreatListenToINS=m_AnalysisINS.Init(port);
#endif
#if (defined TANGPLATFORM_KI0E5)||(defined TOYOTAPLATFORM)
if(serial_on)
    {
```

```
            CreatListenToINS=m_INSFons.SerialInit(comport_, baudrate_, timeout_ms_,
port);
        }
    else
CreatListenToINS=m_INSFons.ImuInit(port);
#endif
    #if(defined BYDRAYYUANZHENG)||(defined FOTONBUS)||(defined HUACHEN)
    CreatListenToINS=m_AnalysisINS_OxT.Init(port);
    #endif

    if(CreatListenToINS)
    std::cout<<" Creat ListenTo INS  Sucess "<<std::endl;
    else
    std::cout<<"Creat ListenTo INS   failure "<<std::endl;
    }
    else
    std::cout<<"Get  INS port failed  "<<std::endl;
        }
        return Module_On;
    }
```

这段程序是一个用于惯性导航系统通信模块初始化的函数。首先，将模块的启用状态 Module_On 设置为 false，以及初始化一些其他的计数器和状态变量，如 autoMapCounter，autoMapIndex 和 serial_on。接着，函数检查 Module_On 的状态，确保初始化流程只执行一次。若模块尚未启动，尝试通过调用 LoadConfigFile 函数来加载配置文件，这一步骤的关键是设置正确的通信端口和其他相关配置。加载配置文件成功后，根据不同的平台选择合适的方法来初始化惯性导航系统通信接口，这可能包括设置串行通信参数或调用特定的初始化函数。初始化成功与否会通过控制台消息反馈给用户。最后，函数返回一个布尔值，表明模块是否成功启用。整个过程展现了一种灵活的初始化策略，能够根据不同的硬件配置和工作环境，适应性地配置惯性导航系统通信模块，同时确保了初始化过程的鲁棒性。

初始化完成之后，需要对惯性导航系统数据进行存储和发布，供用户获取。

```
sensor_msgs::Imu imuout;
tf::quaternionTFToMsg(orientation,imuout.orientation);
imuout.header.stamp=ros::Time::now();
imuout.header.frame_id="imu_frame";
imuout.linear_acceleration.x=ins_data.dAccx;
imuout.linear_acceleration.y=ins_data.dAccy;
imuout.linear_acceleration.z=ins_data.dAccz;
imuout.angular_velocity.x=ins_data.dArx*M_PI/180;
imuout.angular_velocity.y=ins_data.dAry*M_PI/180;
```

```
imuout.angular_velocity.z=ins_data.dArz*M_PI/180;
double N,E;
geographic_to_grid(a,e2,ins_data.dLatitude*M_PI/180,ins_data.dLongitude*M_
PI/180, &zone, &hemi, &N, &E);
static geometry_msgs::Vector3Stamped pos0;
static intframenum=0;
    if(framenum==0)
{
  pos0.vector.x=E;
  pos0.vector.z=-N;
}
framenum++;
geometry_msgs::Vector3Stamped pos;
pos.header.stamp=imuout.header.stamp;

pos.vector.x=E -pos0.vector.x;
pos.vector.z=-N -pos0.vector.z;
pubImudata.publish(imuout);
```

首先，创建一个 sensor_msgs::Imu 类型的变量 imuout，这是 ROS 中用于表示 IMU 数据的标准消息类型。通过 tf::quaternionTFToMsg 函数将某个给定的四元数 orientation 转换为消息中的方向（orientation）部分。这一步是设置 IMU 消息的方向字段，四元数是用于表示空间旋转的一种方法，在机器人和航空航天领域中非常常见。然后，代码设置消息头信息，包括当前的时间戳(ros::Time::now()) 和帧 ID（"imu_frame"）。这些信息对于 ROS 中的时间同步和坐标变换非常重要。线性加速度（linear_acceleration）和角速度（angular_velocity）从另一个名为 ins_data 的结构体中获得，这个结构体很可能包含了从实际的 IMU 硬件读取的原始数据。角速度值被转换为弧度值（通过乘以 M_PI/180），因为 ROS 期望这些值是以弧度值而不是角速度值来表示。

自定义函数 geographic_to_grid 是将地理坐标（纬度和经度）转换为 utm 坐标系中的点，通常用于将 GPS 坐标转换为更适合本地的坐标。

接着，程序使用一些静态变量 pos0 和 framenum 来存储第一帧数据的位置信息和帧数。如果第一帧是 framenum==0，它会保存当前的东（E）和北（N）坐标为初始位置。之后，每个位置消息的坐标都会根据这个初始位置来计算，可能是为了提供相对起点的位置变化信息。

最后，位置信息被封装到一个 geometry_msgs::Vector3Stamped 类型的消息 pos 中，并设置了时间戳。IMU 数据通过调用 pubImudata. publish(imuout)发布到一个 ROS 话题上，其他节点可以订阅并使用这些数据。

完成组合导航系统的标定后，能够得到精确的经纬度等信息。在组合导航系统处于差分状态时，位置精度能够达到厘米级，用差分定位的数据来制作地图能够得到一个包含经纬度信息的高精度地图。

任务实施

实训 录制地图

惯性导航系统

一、任务准备

1. 场地设施

组合导航系统 Newton-M2 一台，计算机一台，智能网联小车一辆。

2. 学生组织

分组进行，在智能网联汽车测试场地进行实训。实训内容如表 3-2-2 所示。

表 3-2-2 实训内容

时间	任务	操作对象
0~10 min	组织学生讨论导航函数	教师
11~30 min	进行录制地图的实践	学生
31~40 min	教师点评和讨论	教师

二、任务实施

1. 开展实训任务

1）运行前准备

（1）智能网联小车使用场地地面要空旷、开阔，上方无遮挡。

（2）智能网联小车电量充足。

2）开机操作

（1）工控机上电，组合导航系统上电。

（2）小车停到测试起点，将小车上惯导断电后重新上电静置 2 min，验证惯导进入差分。

（3）选择用户名 bit，输入密码 123456wh，按 Enter 键，正常打开操作系统。

（4）打开小车上定位文件夹中的 launch 文件。

①打开 /home/bit3/01lidar_driver_test，开启一个终端，输入命令：bash start_data_build.sh 。

②打开一个新终端，输入命令：rosbag record /gpsdata，开始录制地图数据。

（5）小车按照既定的路线进行移动，到达终点后在录制数据的终端窗口中按 Ctrl+C 组合键结束对地图数据的录制，保存下来的地图数据包的名称为开始录制数据时的时间。

2. 检查实训任务

单人实操后完成实训工单（见表 3-2-3），请提交给指导教师，现场完成后教师给予点评，作为本次实训的成绩计入学时。

表 3-2-3　录制地图实训工单

实训任务					
实训场地		实训学时		实训日期	
实训班级		实训组别		实训教师	
学生姓名		学生学号		学生成绩	
实训准备	实训场地准备				
	1. 清理实训场地杂物（□是　□否） 2. 小车处在空旷、上方无遮挡场地（□是　□否）				
	防护用品准备				
	1. 检查并佩戴劳保手套（□是　□否） 2. 检查并穿戴工作服（□是　□否） 3. 检查并穿戴劳保鞋（□是　□否）				
	车辆、设备、工具准备				
	智能网联小车 （1）检查遥控器和小车电量（□是　□否） （2）检查组合导航系统工作情况（□是　□否） （3）检查急停开关工作情况（□是　□否）				
实训过程	操作步骤			考核要点	
	1. 工控机上电 2. 静置完成后启动组合导航系统 3. 检查组合导航系统的定位状态是否处于差分状态 4. 在一个新终端中输入地图录制的指令 5. 智能网联小车按照既定路线到达终点 6. 停止地图录制，保存地图数据			1. 正确启动工控机（□是　□否） 2. 完成静置使组合导航硬件初始化完成（□是　□否） 3. 正确启动组合导航系统（□是　□否） 4. 正确录制并保存地图数据（□是　□否）	

3. 技术参数准备

以本书为主。

4. 核心技能点准备

（1）准确、完整地分析场景要素。

（2）实训时严格按要求操作，并穿戴相应防护用品（工作服、劳保鞋、劳保手套等）。

（3）可以成功采集静态航向数据并在 Ubuntu 下进行查看。

5. 作业注意事项

（1）智能网联小车要处于开阔、空旷的地方。

（2）实训时要严格按照操作手册步骤执行。

任务评价

任务完成后填写任务评价表 3-2-4。

表 3-2-4　任务评价表

序号	评分项	得分条件	分值	评分要求	得分	自评	互评	师评
1	安全/7S/态度	作业安全、作业区 7S、个人工作态度	15	未完成 1 项扣 1~3 分，扣分不得超 15 分		□熟练 □不熟练	□熟练 □不熟练	□合格 □不合格
2	专业技能能力	正确穿戴个人防护用品	5	未完成 1 项扣 1~5 分，扣分不得超 45 分		□熟练 □不熟练	□熟练 □不熟练	□合格 □不合格
		检查确认车辆状态，完成车辆上电	5					
		完成组合导航静置并进入操作系统	5					
		正确启动定位文件	10					
		录制地图数据	10					
		保存地图数据	10					
3	工具及设备使用能力	熟练启动组合导航系统程序脚本	10	未完成 1 项扣 1~5 分，扣分不得超 10 分		□熟练 □不熟练	□熟练 □不熟练	□合格 □不合格
4	资料、信息查询能力	组合导航系统用户手册	10	未完成 1 项扣 1~5 分，扣分不得超 10 分		□熟练 □不熟练	□熟练 □不熟练	□合格 □不合格
5	数据判断和分析能力	判断组合导航系统是否处于差分状态	10	未完成 1 项扣 1~5 分，扣分不得超 10 分		□熟练 □不熟练	□熟练 □不熟练	□合格 □不合格
6	表单填写与报告撰写能力	实训工单填写	10	未完成 1 项扣 0.5~1 分，扣分不得超 10 分		□熟练 □不熟练	□熟练 □不熟练	□合格 □不合格
总分：								

试题训练

视觉传感器的应用

一、判断题

1. 惯性导航系统，又称惯性导航单元。（　　）

2. 四维导航解的求解，至少要求 3 颗不同的 GNSS 卫星的测量值，这就是通常所说的三星定位的来历。（　　）

3. 导航滤波是将 IMU 和 GPS 的数据进行集成和融合的关键步骤。（　　）

4. 惯性导航系统包括一个 IMU 和一个导航处理器。（　　）

5. 在惯性导航系统正式工作前，不必对它进行初始化。（　　）

二、选择题（多选/单选）

1. 惯性导航系统的误差不来源于（　　）。

A. IMU

B. 导航计算过程

C. 初始对准过程

D. 系统结算过程

2. 惯性导航系统的误差借助惯性导航方程传播，不是随时间变化的误差是（　　）。

A. 位置误差　　　　B. 姿态误差　　　　C. 速度误差　　　　D. 固定误差

3. 本任务的组合导航系统是一种基于微电子机械系统 IMU 和（　　）的导航系统。

A. GPS　　　　　　B. BDS　　　　　　C. GLONASS　　　　D. Galileo

4. IMU 主要由（　　）个加速度计和 3 个陀螺仪组成，用于测量物体的加速度和角速度。

A. 1　　　　　　　B. 2　　　　　　　C. 3　　　　　　　D. 4

5. 求解导航方程的 4 个步骤有姿态更新、比力坐标转换、速度更新和（　　）。

A. 位置更新　　　　B. 经度更新　　　　C. 纬度更新　　　　D. 高度更新

学习任务三　导航定位实例应用

任务描述

组合导航系统具体的零件有哪些？分别有什么功能？怎么安装？

高清地图采集与生产

任务目标

知识目标

1. 了解组合导航系统的组成以及每个部分的作用。

2. 阅读并理解组合导航系统的说明书。

高精地图的创建、
制作和共享

技能目标

1. 掌握组合导航系统的安装和具体操作。

2. 掌握组合导航动态轨迹数据的录制。

3. 掌握同一轨迹下的数据比对和评价。

素质目标

1. 遵守职业道德，树立正确的价值观。

2. 引导崇尚劳动精神，逐步提升服务社会的意识。

3. 弘扬工匠精神，塑造精益求精的品质。

4. 培养协同合作的团队精神，自觉维护组织纪律。

任务导入

在我国战略指引下，节能与新能源汽车确立为国家重点发展领域，特别强调了智能网联汽车技术的推进和自主研发体系的建立。这一战略不仅为汽车产业的转型升级指明了方向，也体现了国家对于科技创新和自主发展的重视。在此背景下，导航定位技术作为智能网联汽车不可或缺的核心技术之一，其重要性不言而喻。通过精确的导航定位，智能网联汽车能够在复杂的交通环境中安全、高效地行驶，不仅涉及技术层面的挑战，还关系国民经济的发展和人民生活的安全。

在学习智能网联汽车理论的过程中，应当与实际操作和实践结合起来，提高智能网联汽车领域的科技创新能力和树立自主研发的决心，也在实践过程中进一步理解定位技术和定位原理。

知识准备

实训台小车上使用的组合导航系统元件是 Newton-M2 车载卫星/惯性组合导航系统（见图 3-3-1）。其由高精度测绘级卫星接收板卡、三轴 MEMS 陀螺仪、三轴 MEMS 加速度计组成，可在卫星状况良好的环境下提供厘米级定位精度，并在卫星信号遮挡、多路径等环境下长时间保持位置、速度、姿态精度。

图 3-3-1　Newton-M2 主机

Newton-M2 整体设计轻便、小巧，简单易用，适用于辅助驾驶、无人驾驶、车载定位定向、自动导引车等。

一、Newton-M2 简介

1. Newton-M2 特点

（1）支持后处理解算。

（2）适合车载/无人驾驶行业的接口设计。

（3）宽电压输入（9~36 V）。

（4）数据更新速率最高为 200 Hz。

（5）IP65 防水、防尘等级。

（6）工作温度为 -30~70 ℃。

2. Newton-M2 接口（见图 3-3-2）

（1）RS-232/422 串口。

（2）网口（可实现数据传输，可接入 RTK 信号，支持 Ntrip）。

（3）USB 接口（可实现数据传输/离线数据下载）。

图 3-3-2　Newton-M2 的串口、网口和 USB 接口

3. Newton-M2 组成

（1）Newton-M2 主机（1 个，见图 3-3-1）。

（2）卫星天线（2 个，见图 3-3-3）：测量型卫星天线，信号接口为 TNC 母头。

图 3-3-3　Newton-M2 蘑菇头卫星天线

（3）射频连接线（2 根，见图 3-3-4）：射频连接线两端分别为 TNC 公头和 SMA 公头。

图 3-3-4　Newton-M2 射频连接线

（4）数据/电源线缆（1 根）。

4. Newton-M2 坐标系

Newton-M2 坐标系定义如下。

（1）X 轴——指向壳体右向，垂直于 Z、Y 方向。

（2）Y 轴——壳体无插头的方向。

（3）Z 轴——垂直于上壳体，沿壳体指向天向。

设备坐标系为设备壳体所示坐标系，即 Newton-M2 上刻印的 X、Y 轴。

5. Newton-M2 通信

通过设备的串口（RS-232/RS-422）/USB（全速）接口与设备进行交互，可以使用串口调试助手 COMCenter 发送配置指令，查看设备返回的数据，如图 3-3-5 所示。

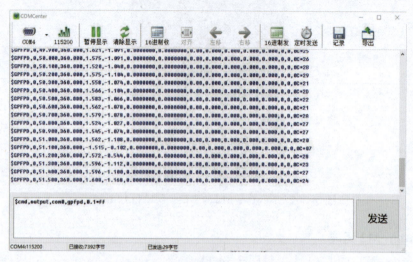

图 3-3-5　串口调试助手 COMCenter

几条常用命令如下，通过普通串口软件发送命令可以查看设备的一些配置情况。

（1）查看设备的网口配置情况命令。

```
$ cmd,get,netpara * ff
```

（2）查看 Newton-M2 各个端口输出哪些格式的数据的命令。

```
$ cmd,get,output * ff
```

（3）查看 Newton-M2 各个端口波特率以及端口配置情况的命令。

```
$ cmd,get,com * ff
```

（4）查看 Newton-M2 程序版本的命令。

```
$ cmd,get,sysinfo * ff
```

（5）查看 Newton-M2 杆臂配置的命令。

```
$ cmd,get,leverarm * ff
```

（6）查看差分信息有没有下发的命令。

```
$ cmd,set,netout * ff（当网络配置没问题后,检查差分账号的方法）
```

总结：Newton-M2 是一款组合导航系统，内部硬件由卫星接收机、陀螺仪、加速度计组成。Newton-M2 既可以输出各个硬件模块的原始数据（陀螺仪输出角速度、加速度计输出加速度），也可以输出各个硬件模块组合后的数据（由卡尔曼滤波算法组合）。Newton-M2 内部有卫星接收机，需通过天线接收天上的卫星信号，只有天线收到卫星信号后，Newton-M2 才可以定位，即可以输出位置信息（经度、纬度、高度）。

6. Newton-M2 组合导航状态

设备完成初始对准功能后即进入正常组合导航状态。在该功能状态下，通过设备内置的高性能组合导航处理器，将内置的高精度陀螺仪及加速度计信息进行捷联导航解算，同时将导航结果与 GNSS 定位信息输入内置的卡尔曼滤波器进行组合，组合后获得更为精确的载体位置、速度，以及航向、姿态等多参数导航信息。Newton-M2 组合导航基本框架示意如图 3-3-6 所示。

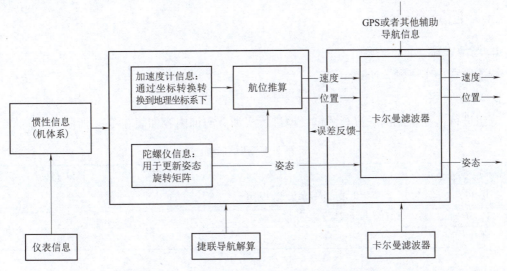

图 3-3-6　Newton-M2 组合导航基本框架示意

二、Newton-M2 安装

1. 天线车头、车尾前后安装方式

（1）主机安装：主机尽量水平地安装在车上，主机的 X 轴方向朝向车头，主机的 Y 轴尽量与车的中轴线重合或者平行。

（2）天线安装：车头用磁底座吸附在车顶安装一个天线，用天线馈线连接 Newton-M2 的 SEC（辅）天线孔；车尾用磁底座吸附在车顶安装一个天线，用天线馈线连接 Newton-M2 的 PRI（主）天线孔，并且两根天线的连线尽量与车的中轴线重合或者平行。

安装原则是主机的 Y 轴、车的中轴线、两个天线的连线三者尽量重合或平行，并且都是固连。

2. 天线左、右两侧安装方式

（1）主机安装：主机尽量水平地安装在车上，主机的 X 轴方向朝向车头，主机的 Y 轴尽量与车的中轴线重合或者平行。

（2）天线安装：车右侧用磁底座吸附在车顶安装一个天线，用天线馈线连接 Newton-M2 的 SEC 天线孔；车左侧用磁底座吸附在车顶安装一个天线，用天线馈线连接 Newton-M2 的 PRI 天线孔，并且两根天线的连线尽量与车的中轴线垂直。

完成组合导航系统标定和地图录制后，可以让中型车按照采集的地图数据中的轨迹进行复现，实现简单的无人驾驶。该实训在项目五中有详细介绍说明。

实训　自动驾驶的实现（中型车）

一、任务准备

1. 场地设施

智能网联小车一辆，Newton-M2 一台。

2. 学生组织

分组进行，在智能网联汽车测试场地进行实训。实训内容如表 3-3-1 所示。

表 3-3-1　实训内容

时间	任务	操作对象
0~10 min	组织学生讨论导航定位实例应用	教师
11~30 min	自动驾驶实操	学生
31~40 min	教师点评和讨论	教师

二、任务实施

1. 开展实训任务

（1）选择用户名 bit，输入密码 123456wh，按 Enter 键，打开操作系统。

（2）利用离线数据制作路网。

①启动 roscore。打开一个新终端，在命令行中输入 roscore 命令，按 Enter 键，如图 3-3-7 所示。

```
roscore http://bit3:11311/
roscore http://bit3:11311/ 80x24
started roslaunch server http://bit3:35077/
ros_comm version 1.14.13

SUMMARY
========

PARAMETERS
 * /rosdistro: melodic
 * /rosversion: 1.14.13

NODES

auto-starting new master
process[master]: started with pid [7344]
ROS_MASTER_URI=http://bit3:11311/

setting /run_id to b82d1544-a913-11ee-a17a-c400ad17bc4a
WARNING: Package name "taskPoint_msgs" does not follow the naming conventions. I
t should start with a lower case letter and only contain lower case letters, dig
its, underscores, and dashes.
process[rosout-1]: started with pid [7355]
started core service [/rosout]
```

图 3-3-7　启动 roscore 操作界面

②分别启动小车底盘通信程序、msg_converter（详细启动过程见项目五）。

③在录制的地图所在目录下打开一个新的终端，输入命令：rosbag play 2024-04-05-14-02-95.bag（替换为具体的数据包名称），如图 3-3-8 所示。

④等待数据播放结束，路网录制完成后按 Ctrl+C 组合键结束录制，关闭终端（详细过程见项目五）。

图 3-3-8　操作界面

（3）将小车停到测试起点，将小车上惯导断电后重新上电静置 2 min，验证惯导进入差分。

（4）启动小车上定位文件夹中的 launch 文件：打开/home/bit3/01lidar_driver_test；开启一个终端，输入命令：bash start_data_build.sh 。

（5）启动纯控制循迹（详细启动过程见项目五），且遥控器权限进入自动驾驶。

2. 检查实训任务

单人实操后完成实训工单（见表 3-3-2），请提交给指导教师，现场完成后教师给予点评，作为本次实训的成绩计入学时。

表 3-3-2　自动驾驶的实现（中型车）实训工单

实训任务				
实训场地		实训学时		实训日期
实训班级		实训组别		实训教师
学生姓名		学生学号		学生成绩

实训准备	实训场地准备		
	1. 清理实训场地杂物（□是　□否）		
	2. 小车处在空旷、上方无遮挡场地（□是　□否）		
	防护用品准备		
	1. 检查并佩戴劳保手套（□是　□否）		
	2. 检查并穿戴工作服（□是　□否）		
	3. 检查并穿戴劳保鞋（□是　□否）		
	车辆、设备、工具准备		
	智能网联小车 （1）检查遥控器和小车电量（□是　□否） （2）检查组合导航系统工作情况（□是　□否） （3）检查急停开关工作情况（□是　□否）		
实训过程	操作步骤		考核要点
	1. 工控机上电 2. 静置完成后启动组合导航系统 3. 检查组合导航系统的定位状态是否处于差分状态 4. 播放录制的地图数据并进行路网制作 5. 启动模型控制程序		1. 正确启动工控机（□是　□否） 2. 完成静置使组合导航硬件初始化完成（□是　□否） 3. 正确启动组合导航系统（□是　□否） 4. 正确制作路网（□是　□否） 5. 正确启动模型控制程序（□是　□否）

3. 技术参数准备

以本书为主。

4. 核心技能点准备

（1）准确、完整地分析场景要素。

（2）实训时严格按要求操作，并穿戴相应防护用品（工作服、劳保鞋、劳保手套等）。

（3）可以录制和分析动态轨迹数据。

5. 作业注意事项

（1）智能网联小车需要处于开阔、空旷的地方。

（2）实训时需要严格按照操作手册步骤执行。

任务评价

任务完成后填写任务评价表3-3-3。

表3-3-3　任务评价表

序号	评分项	得分条件	分值	评分要求	得分	自评	互评	师评
1	安全/7S/态度	作业安全、作业区7S、个人工作态度	15	未完成1项扣1~3分，扣分不得超15分		□熟练 □不熟练	□熟练 □不熟练	□合格 □不合格

续表

序号	评分项	得分条件	分值	评分要求	得分	自评	互评	师评
2	专业技能能力	正确穿戴个人防护用品	5	未完成1项扣1~5分，扣分不得超45分		□熟练 □不熟练	□熟练 □不熟练	□合格 □不合格
		检查确认车辆状态，完成车辆上电	5					
		完成组合导航静置并进入操作系统	5					
		利用录制好的地图数据进行路网的制作	10					
		启动模型控制程序	10					
		切换权限进行自动驾驶	10					
3	工具及设备使用能力	熟练启动组合导航系统程序脚本	10	未完成1项扣1~5分，扣分不得超10分		□熟练 □不熟练	□熟练 □不熟练	□合格 □不合格
4	资料、信息查询能力	组合导航系统用户手册	10	未完成1项扣1~5分，扣分不得超10分		□熟练 □不熟练	□熟练 □不熟练	□合格 □不合格
5	数据判断和分析能力	判断组合导航系统是否处于差分状态	10	未完成1项扣1~5分，扣分不得超10分		□熟练 □不熟练	□熟练 □不熟练	□合格 □不合格
6	表单填写与报告撰写能力	实训工单填写	10	未完成1项扣0.5~1分，扣分不得超10分		□熟练 □不熟练	□熟练 □不熟练	□合格 □不合格
总分：								

 试题训练

定位与导航系统实例　　高精度定位　　高精度地图技术

一、判断题

1. 本项目使用的组合导航系统元件是 Newton－M2 车载卫星/惯性组合导航系统。（　　）

2. 主机尽量水平地安装在车上，主机的 X 轴方向朝向车头，主机的 Y 轴尽量与车的中轴线重合或者平行。（　　）

3. Newton－M2 工作温度为 −30~80 ℃。（　　）

4. Newton－M2 由高精度测绘级卫星接收板卡、三轴 MEMS 陀螺仪、三轴 MEMS 加速度计组成。（　　）

5. Newton−M2 无须通过天线接收天上的卫星信号就可以输出位置信息（经度、纬度、高度）。（　　）

二、选择题（多选/单选）

1. Newton−M2 组成不包括（　　）。

A. Newton−M2 主机　　　　　　　　　B. 卫星天线

C. 激光雷达　　　　　　　　　　　　D. 数据/电源线缆

2. 主机尽量水平地安装在车上,主机的(　　)轴方向朝向车头,主机的(　　)轴尽量与车的中轴线重合或者平行。

A. X, Y　　　　　　　B. X, Z　　　　　　　C. Y, Z　　　　　　　D. Y, X

3. 本项目 Newton-M2 用(　　)口进行配置。

A. COM0　　　　　　B. COM1　　　　　　C. COM2　　　　　　D. COM3

4. 本项目通过设备的串口(RS-232/RS-422)/USB(全速)接口与设备进行交互,可以使用(　　)发送配置指令,查看设备返回的数据。

A. 串口调试助手　　　B. 网口调试助手　　　C. USB 接口调试助手

5. Newton-M2 坐标系定义为(　　)。

A. 右 X 前 Y 上 Z　　B. 右 Y 前 X 上 Z　　C. 右 Z 前 Y 上 X　　D. 右 Y 前 Z 上 X

项目四　自动制动辅助系统

项目描述

自动制动辅助系统（ABAS）是一种基于先进传感器和智能算法的驾驶辅助技术，旨在提高车辆在紧急情况下的安全性。该系统能持续监测车辆前方的道路和周围环境，当检测到潜在的碰撞危险时，系统会发出警报提醒驾驶员。如果驾驶员未能及时做出反应，系统将自动施加制动，以减轻或避免碰撞事故的发生。自动制动辅助系统在各种驾驶场景下（如城市道路、高速公路等）都能发挥关键作用，提升车辆的安全性和驾驶体验。

任务介绍

学习任务一：自动制动辅助系统认知

学生将深入学习自动制动辅助系统的基本概念、工作原理和技术背景。通过理论学习和案例分析，理解该系统如何利用传感器技术、数据处理和控制算法来提高驾驶安全性。学生还将探讨自动制动辅助系统在智能驾驶技术中的地位，以及其在不同类型车辆中的应用和局限性。

学习任务二：自动制动辅助系统实例应用

学生将学习并应用安全车距模型，理解车速、反应时间和路面状况等关键因素，并通过实验验证其有效性；熟悉国内外自动制动辅助技术的法规和测试标准，了解这些法规对系统性能和可靠性的影响；了解自动紧急制动（AEB）系统在中国市场的发展情况。

能力要求

1. 掌握前车碰撞预警系统演示实操。
2. 掌握无人小车检测障碍物停车实操。

学习任务一　自动制动辅助系统认知

任务描述

　　自动制动辅助系统在车辆行驶时不断监测周围环境，一旦检测到需要减速或避免碰撞的情况，系统会立即启动制动动作。它会根据车辆当前的速度、道路条件等因素，精确计算出最佳的制动力度，确保车辆能够安全地停下来或与前方车辆保持安全距离。通过数学工具进行实时计算和控制，系统能够准确掌握车辆的动态数据，并相应地调整制动力度，以确保车辆能够沿既定路线行驶，应对各种道路情况。

任务目标

知识目标

1. 了解自动制动辅助系统发展历程。

2. 了解自动制动辅助系统组成结构。

3. 了解自动制动辅助系统技术方案。

4. 了解自动制动辅助系统的传感器类型及其作用。

技能目标

1. 能够正确、安全地启动先进辅助驾驶功能研发平台。

2. 能够正确启动系统演示。

素质目标

1. 培养学生分析问题的能力，理解自动制动辅助系统的技术背景和意义。

2. 提升学生对车辆安全技术的责任意识，理解其对驾驶安全的重要性。

任务导入

　　前向碰撞（追尾碰撞）是最常见的道路交通事故形态，据统计，前向碰撞占所有交通事故的60%以上（见图4-1-1）。有关资料表明中国的高速公路碰撞发生起数约占总事故起数的33.4%，其造成的经济损失约占总数的40%。2011年重庆高速的数据统计显示，追尾碰撞事故在所有交通事故中，所占的比例高达43.12%。另有研究表明，不良路况、天气条件下，如下雨或下雪时，路面比较湿滑，导致轮胎与地面间附着特性显著下降，前向碰撞发生率大大增加。如果能够在交通事故发生前1 s向驾驶员发出预警，就可能避免事故的发生，减少事故带来的损失。前向碰撞预警（forward collision warning，FCW）系统的原理是利用毫米波雷达、视觉传感器等检测车辆前方的车辆或障碍物及其与本车的距离。当实际距离小于安全距离时，系统会发出警告提醒车辆驾驶员，防止前向碰撞事故的发生。自动紧急制动（autonomous emergency braking，AEB）系统则在车辆遇到突发危险情况且驾驶员没有制动的情况下，自动启动制动系统使车辆减速，以避免或减轻碰撞。因此，研究汽车FCW系统，对提升车辆的行车安全，尤其是在不良路况、天气条件下的行车安全具有重大意义。

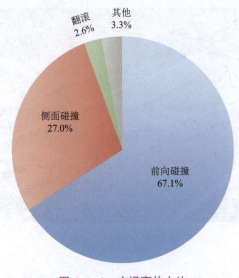

图 4-1-1　交通事故占比

 知识准备

一、发展历程

自动制动辅助系统是一种先进的车辆安全技术，旨在监测车辆周围环境和道路情况。当系统检测到潜在的前向碰撞风险时，会触发制动动作，以降低碰撞的严重程度或完全避免碰撞发生。在这种情况下，自动制动辅助系统与 FCW 和 AEB 密切相关。

FCW 利用雷达、摄像头或激光等传感器来监测车辆前方的道路状况和车辆行驶情况。当系统检测到与前方车辆或障碍物有碰撞风险时，会向驾驶员发出警告，提醒其采取行动避免碰撞。而自动制动辅助系统则进一步在紧急情况下实施制动，即 AEB。AEB 在检测到潜在碰撞风险且驾驶员未采取任何行动时，会自动进行制动操作，以降低碰撞的速度或完全避免碰撞。AEB 通常是自动制动辅助系统的一部分，旨在提高车辆安全性并降低碰撞事故的发生率。

因此，自动制动辅助系统、FCW 和 AEB 共同构成了一套完整的车辆安全技术，通过实时监测、警告和制动操作，提高了车辆驾驶的安全性，并降低了碰撞事故的风险。

1. FCW、AEB 系统的定义

FCW 是一种实时监测车辆前方行驶环境，判断本车与前方车辆是否存在潜在碰撞危险，并通过声音、视觉或触觉等方式对驾驶员进行预警的 ADAS（见图 4-1-2）。该系统主要利用雷达、传感器、摄像头来进行监测，对车辆行驶轨迹内的最近障碍车辆进行预警，且不会受其他范围内的前方障碍物的影响，即识别目标有效。然后进行决策分析，结合本车当前行驶状况与前方车辆运动情况，最终以最恰当的方式给予驾驶员预警，即为执行阶段。但FCW 系统本身不会采取任何制动措施去避免碰撞或控制车辆。FCW 系统能够较好地减少或

避免人为观测存在的误差，有效降低交通事故的发生率。

图 4-1-2　FCW 系统

AEB 系统是指车辆在正常行驶中实时监测车辆前方行驶环境，遇到突发危险情况或与前车、行人距离小于安全距离时会主动制动，减少或避免追尾等碰撞事故的发生，从而提高行车安全性（见图 4-1-3）。AEB 系统能够实现车辆碰撞迫近制动（collision imminent braking，CIB）和动态制动支持（dynamic brake support，DBS）等功能，其中 CIB 功能会在车辆追尾以及驾驶员未采取任何行动的情况下，自动启动车辆的制动系统，而 DBS 则在驾驶员没有施加足够的制动行动时，主动施加最大制动力以避免碰撞。这正是 AEB 系统与 FCW 系统的不同之处，组成前者的部分系统会在车辆遇险时自动采取紧急制动措施，而后者不会采取任何制动措施去避免危险，只会发出预警信息。

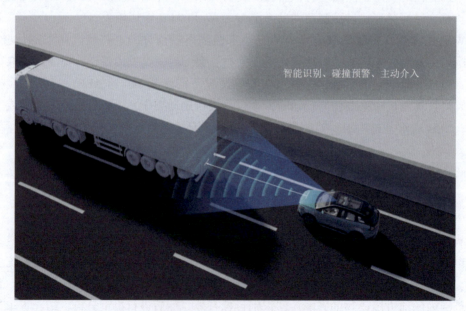

图 4-1-3　FCW+AEB 系统

目前，AEB 系统从距离探测技术上主要分为基于毫米波雷达的距离探测系统、基于视觉传感器的距离探测系统、基于视觉和毫米波雷达融合的距离探测系统。早期的 AEB 系统主要采用毫米波雷达方案，随着视觉检测技术不断提升，有的车辆开始采用纯视觉的方案，而基于视觉和毫米波雷达融合方案具有更好的适应性，能够更好地满足相关的法规，越来越多的车辆开始采用融合方案的 AEB 系统。

2. FCW、AEB 系统的发展历程

大量的碰撞事故促进了车辆防撞系统的研究，早在 20 世纪 60 年代，部分国家的企业已经开展了车辆防撞技术模块的研究，但因为毫米波雷达的关键技术缺乏，一直没有被突破。20 世纪 70 年代，日本开始进行车辆防撞系统的研究。到了 20 世纪 80 年代，随着微波理论的逐步成熟，车辆的防撞雷达产品纷纷问世，德国部分车型率先使用调频毫米波雷达作为测距雷达，通过控制本车与前方车辆保持一定的车距，防止追尾事故发生。2003 年，碰撞缓解制动系统（collision mitigation braking system，CMBS）首次在本田（Honda）美版雅阁中出现，也就是前向防撞系统的前身（见图 4-1-4）。CMBS 的工作原理：利用毫米波雷达探测车辆行驶前方区域是否存在碰撞危险，若存在，则发出警告提醒驾驶员；若系统未检测到驾驶员的制动措施，车辆仍在前行，则会自动启动制动系统。同年，丰田在雷克萨斯 LX 和 RX 车系上安装防撞系统，其距离传感器也采用了毫米波雷达。

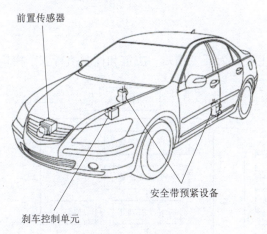

图 4-1-4　CMBS

2006 年，沃尔沃在 S80 车辆上首次安装了防撞系统，同样采用了毫米波雷达检测前方车辆，在察觉到车辆存在碰撞危险时发出警告，同时在制动器上施加预制动力，使制动片接近制动盘，以此加快车辆的制动响应速度。2007 年，沃尔沃防撞系统升级后增加了自动制动的功能。

前向防撞系统的发展如图 4-1-5 所示。由于对前向防撞系统的要求逐渐增大，因此系统才得以逐步升级，从防撞预警、制动辅助再到自动制动，使车辆的防撞技术逐步完善。

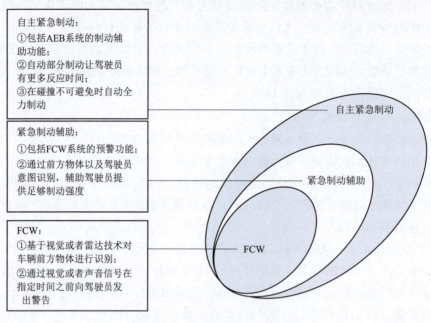

图 4-1-5　前向防撞系统的发展

二、组成

典型前向防撞系统主要分为环境感知、决策和控制执行三个模块，如图 4-1-6 所示。

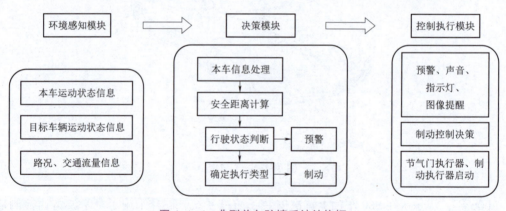

图 4-1-6　典型前向防撞系统结构框

1. 环境感知模块

环境感知模块一般主要利用毫米波雷达采集前向车辆或障碍物的运动参数和方位角的数据信息以及行驶路况和交通流量信息，利用视觉传感器或摄像头采集前向车辆或者障碍物的图像信息，利用速度、加速度传感器采集本车速度、加速度等运动参数。

2. 决策模块

决策模块主要对环境感知模块采集过的信息进行融合，确定障碍物的类型、距离及有关参数，结合本车一些运动参数信息，采用一定的决策算法，计算出安全距离，并且评估是否存在碰撞风险。若存在，则向控制执行模块发出预警指令，并进一步确定是否采取自动制动措施。

3. 控制执行模块

控制执行模块主要接收由决策模块传来的指令，对不同预警程度发出不同指令信息，以此来提醒驾驶员采取措施避免碰撞。驾驶员收到预警指令后一般应对本车采取制动行为，若碰撞危险消除，则预警也随之取消。

三、工作原理

前向防撞系统通过视觉传感器、毫米波雷达和激光雷达等感知道路环境，利用图像捕获或者对目标物发送电磁波并接收回波来获得目标物体的距离、速度和角度等物理量，分析碰撞危险并向驾驶员发出预警，同时利用控制器局域网（CAN）总线发送控制指令，触发制动信号，开启制动尾灯。前向防撞系统组成如图 4-1-7 所示，前向防撞系统工作原理如图 4-1-8 所示。若驾驶员未给出反应，则在碰撞前系统会自动紧急制动车辆以减少或避免碰撞带来的损失。

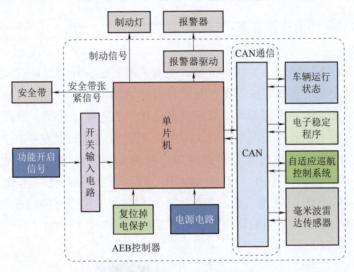

图 4-1-7　前向防撞系统组成

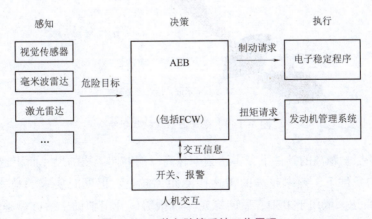

图 4-1-8　前向防撞系统工作原理

1. 自动制动辅助系统技术方案

前向防撞系统的关键技术是测量本车与前方车辆或障碍物之间的距离，距离探测可以采用多种手段，如毫米波雷达、视觉传感器、激光雷达以及其他类型雷达等。这些不同的探测手段具有各自的特点，适用于不同的功能领域。不同探测手段的主要特点如表4-1-1所示。

表 4-1-1　不同探测手段的主要特点

主要特点	探测手段		
	毫米波雷达	视觉传感器	激光雷达
探测距离	远	略近	远
响应时间	快	中等	较快
不良条件（雪、雾）下性能	良好	差	差
成本	高	高	较低
分辨率	10 mm	差	最小 1 mm
鉴别目标能力	强	强	较弱

2. 基于毫米波雷达的技术方案

1）基本介绍

毫米波雷达是汽车防撞雷达中使用数量最多的一种雷达。其特点是波长短、频带宽、穿透能力强，其探测距离可达200 m以上，且受环境影响较小，在雨雪、大雾天气等不良工作条件下都能稳定正常工作。不仅如此，毫米波雷达在探测距离、速度、方向等各参数方面的精度较高，且体积较小，适用于汽车安装。一般毫米波雷达的发射频率在30~300 GHz，由于其独有的特点，各国研究的汽车防撞探测器一般为毫米波雷达。其频段主要有24 GHz、77 GHz、79 GHz等（见图4-1-9），其中24 GHz是目前使用较广泛的车载雷达频率，一般用于近距离探测；77 GHz是目前主流的车载雷达频率，一般用于远距离探测；而79 GHz则具有良好的分辨率，未来在车上的应用会非常广泛。

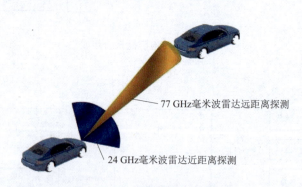

77 GHz毫米波雷达远距离探测

24 GHz毫米波雷达近距离探测

图 4-1-9　毫米波雷达探测示意

在达到同一探测距离的条件下，雷达频率越高，能够使天线的尺寸面积越小。同理，在同一天线面积的条件下，频率越高的雷达探测距离越远，但同时要求的技术难度也越高。24 GHz毫米波雷达一般用于BSD、后向穿越车辆报警、开门辅助、后方碰撞预警；77 GHz毫米波雷达一般用于前向防撞系统、自动巡航系统、AEB系统等。随着技术的进步，在未来车载毫米波雷达的频率会朝着频率更高的 79 GHz 发展。

2）工作原理

（1）距离、速度测量。

以 FMCW 中的三角波为例，雷达通过连续发射和接收调频信号来测量目标距离和速度，其中三角波调制是一种常见的方式。三角波调制信号的频率随着时间线性增大和减小，形成对称的三角波。在发射信号和接收信号的频率差中，包含了目标的距离和速度信息。通过上升沿和下降沿的差频分析，可以准确测量目标的距离和相对速度。由于三角波的线性调频特性，因此 FMCW 雷达能够提供高精度的测量，并在连续波发射和接收的过程中实现实时监测，广泛应用于汽车雷达、工业测量等领域。FMCW 雷达发射信号与回波信号如图 4-1-10 所示。

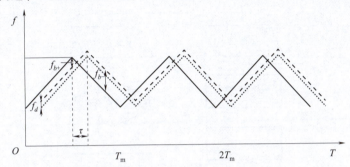

图 4-1-10　FMCW 雷达发射信号与回波信号

雷达发射波形————；运动目标回波数据----；静止目标回波数据··········

（2）角度测量。

毫米波雷达通过多天线阵列和数字波束形成技术，利用接收信号的时间差和相位差来估计目标角度，实现高分辨率和精确度的角度测量。核心技术包括快速傅里叶变换（FFT）和多重信号分类（MUSIC）等算法，通过处理信号的协方差矩阵精确计算多个目标的角度。毫米波雷达广泛应用于 ADAS、无人驾驶、工业自动化等领域，如盲点检测、车道保持、自动泊车、自动化仓储和机器人导航。其优势在于高分辨率、全天候工作能力和多目标检测能力，在各种复杂环境中均能提供精准的角度测量，从而推动技术进步和应用创新。

如图 4-1-11 所示，设 θ 方向有一目标，利用位置不同的两根天线接收反射回来的电波，因为位置不同，所以电波反射回来的时间也不同，图 4-1-12 所示为接收天线 2 较早接收到信号。

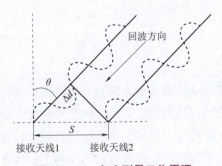

图 4-1-11　角度测量工作原理

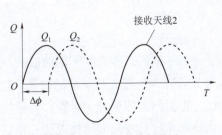

图 4-1-12　两信号相位差

3. 基于视觉的技术方案（单目和双目）

1）基本介绍

基于视觉，即通过视觉来完成车辆防撞预警，需要完成车辆识别和车距计算这两项技术。然而因为外界环境的多种变化，在完成拍照基本过程后，对照片上的车辆进行识别存在巨大的挑战，这是与基于毫米波雷达技术方案的不同之处。

2）流程图

基于视觉的技术方案流程如图 4-1-13 所示。

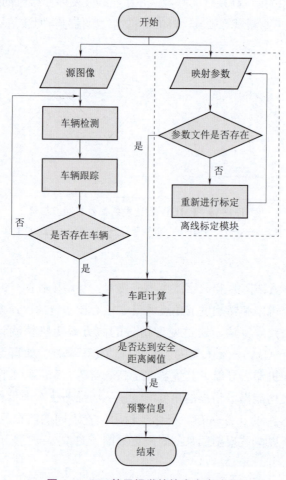

图 4-1-13　基于视觉的技术方案流程

3）工作原理

（1）车辆识别。

由于外界不同的车辆具有不同的形状、颜色和大小，即车辆外形具有多样性；车辆运行环境（如光照强度、行人和杂乱的背景）的难以控制性；路面车辆检测比其他视觉应用需要更少的处理时间，即处理实时性；驾驶员需要一定的反应时间，所以运用摄像机作为传感器的车辆检测系统具有很大的挑战性。并且由于视觉传感器安装在运动的车辆上，因此其随车辆运动时拍摄的背景是动态的。本任务主要介绍三种车辆识别理论方法，分别是双目视觉法、特征法和光流法。

①双目视觉法分为视差图法和逆透视图法。前者的原理是利用不同角度的两幅图片，形成对应像素之间的差异，即视差。视差图是所拍图像中所有像素点的视差的集合。当摄像机参数已知时便可以将视差图转化为拍摄的三维图，以此来检测行驶中的车辆。后者则是一个逆向过程，利用摄像机对三维空间拍摄的二维图片进行投影，再逆向求解重建三维模型，以此检测目标车辆。上述两种理论方法对车辆检测的精确度高，但需对拍摄的图像每一个像素进行处理，因此计算量巨大，所需设备硬件要求较高，实时性也比较差，仍然难以投入实际应用。

②特征法的原理是利用车辆本身具有的某一特征来确定车辆在图像中的位置，其特征有颜色、阴影、角点、纹理、车灯、垂直/水平边缘和对称性等。本任务主要介绍阴影特征、水平/垂直边缘特征和车灯特征三种方法的应用原理与实例。

阴影是由于物体遮挡了光源而在场景中形成的暗区域。车底阴影形成的一般原因是太阳的光线和天空的光线照射。前者属于平行光束，产生的阴影为投射阴影，受天气和时间的影响较大；后者主要来源于天空中各种物质对太阳光的散射和反射，属于非平行光束，是白天最稳定的光线。车身会因两种光线在车底形成稳定的动态阴影区，检测该阴影区是实时检测车辆的方法之一。将阴影特征的方法应用到车辆检测上，通过分析马路上的图像亮度，发现车身底部明显暗于其他区域，以此检测车辆。但由于亮度会受图像的采集、天气等的影响，因此该技术仍有较大的探索空间。

车辆本身具有许多水平/垂直边缘结构，这些结构可作为特征依据来检测车辆，利用车辆本身的明显垂直边缘，对该边缘图像的每一列边缘点进行统计，之后利用三角滤波的方法进行滤波，通过垂直边缘图的局部极大值来确定车辆在图像的横向位置。

车灯是车辆必不可少的部件，是车辆在夜间行驶的一个重要标志。由于检测车辆边缘或车底阴影在夜间是难以实现的，因此车灯的优势凸显出来。利用形态学的方法来检测目标区域的两个车灯，其中形态学算子在检测车辆时考虑了车灯的形状、大小和车间最小距离。

③光流法：因传感器与环境间的相对运动，图像中的像素点也会移动，因此将像素点运动的矢量场称为光流场。两车相向而行时会产生扩散流场，该流场与本车运动引起的流场很容易区分，而同向而行的车辆将产生会聚的流场。该方法原理是将图像分为很多子图像，将整体平均速度与各个子图像速度进行比较，如果差异较大便可能存在障碍物。但此方法难以检测静态目标，并且实时性不理想。

（2）车距计算。

相较于毫米波雷达，视觉测距是一种非接触式的测量技术，所需的算法比较复杂，通常有单目测距和双目测距两种。一般双目测距精度比单目测距精度高，但因成本问题，大多数ADAS厂商仍会使用单目摄像头作为传感器。下面对单目测距和双目测距进行介绍。

①单目测距采用摄像机的焦距和事先确定的参数来估算车距，在模型当中找到世界坐标系到像素坐标系的转换关系，根据该关系可以将图像像素坐标系上的点映射到真实的三维坐标系下，最后实现真实距离的计算。基于相机成像模型和几何透视关系的几何推导方法是目前使用最广泛的距离测量模型，其采用的相似三角形原理测距算法模型如图4-1-14所示。

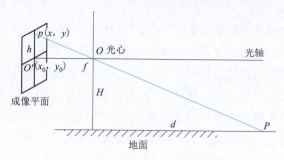

图 4-1-14　单目测距相似三角形原理测距算法模型图

图 4-1-14 中，O' 是相机光轴与成像平面的交点；p 是物体落地点在图像上的像素坐标；h 是 p 点到 O' 点的垂直距离；H 是相机光心到地面的垂直距离；P 是物体在地面的落地点；f 是以像素为单位的相机焦距；d 是所求的目标距离。

②双目测距是模拟人眼立体成像机理提出来的一种测量方法，利用视差的原理，通过对两幅图像进行计算机分析和处理，确定物体的三维坐标，可采用公垂线中点法计算出距离。双目视觉测距的核心在于视差原理。当两个相机（模拟人的双眼）从不同位置观察同一物体时，由于视角的差异，物体在两个相机成像平面上的位置会有所不同，这种位置差异即视差。通过计算这个视差，并结合相机的透视投影关系，可以推算出物体的实际距离。其原理模型如图 4-1-15 所示。

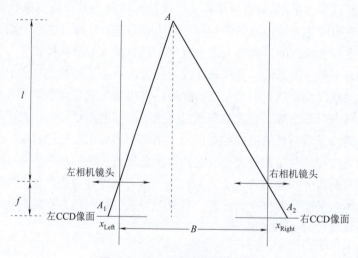

图 4-1-15　双目测距原理模型

图 4-1-15 中，l 为目标 A 的深度距离，两个相机焦距为 f，两个镜头光轴都垂直于成像平面，两个光轴距离为 B，成像平面上 A_1 点与 A_2 点的位置分别为 x_{Left} 和 x_{Right}，则由三角形相似原理，可推算出距离。

4. 基于毫米波雷达+视觉的技术方案

前面已经对毫米波雷达与视觉传感器的原理分类及应用实例有了一定的叙述，然而在视觉方面，外界天气、相机抖动、图像不清晰等外界环境会带来一定的干扰，导致容易出现车辆判断错误；又因为毫米波雷达的检测方法可靠度较高，能够准确检测前方障碍，且不易受天气、光照等外界因素干扰，但不能区分障碍物是否为车辆，因此将毫米波雷达和视觉传感器两者结合起来的策略或许是一个更好的方案。

1）方案基本介绍

如图 4-1-16 所示，该融合方案主要由毫米波雷达信息处理、雷达视觉信息融合、机器视觉信息处理三大模块构成。其中，毫米波雷达信息处理模块用来对障碍物进行初步判断，以及对目标的运动状态进行判断。机器视觉信息处理模块用于采集图像并对其进行预处理，建立图像感兴趣区域。雷达视觉信息融合模块用来获取两者收集的信息，并在空间和时间上获得关系，基于此关系将毫米波雷达获得的初步障碍物信息映射到图像感兴趣区域，最终根据两者的判断结合来确定是否为目标车辆。

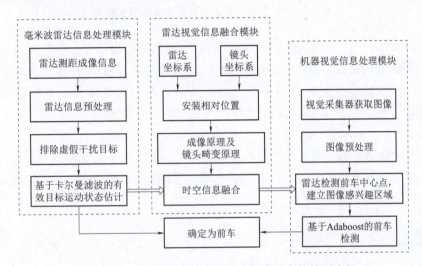

图 4-1-16　毫米波雷达+视觉方案融合的车辆检测流程

2）传感信息的时间、空间融合

时间融合主要是指两种传感器在时间上的同步，由于毫米波雷达与视觉传感器的频率一般不同，因此采集的可能是不同时刻的信息，需要在主控制程序中创建两者的信息接收线程，使在毫米波雷达采集信息的同时也检测当前帧图像，从而保证两者信息时间同步。

如图 4-1-17 所示，空间融合步骤主要包括以下内容。

（1）基于左手坐标系原则，通过坐标变换，得到毫米波雷达坐标系与实际三维坐标系间的转换关系。

（2）通过采用基于单帧静态图像的测距模型，得到实际三维坐标系与摄像机坐标系之间的转换关系。

（3）通过小孔成像模型，得到摄像机坐标系与图像坐标系之间的位置关系。

（4）依据摄像机中的 CCD 传感器的存储原理，得到图像坐标系与像素坐标系之间的转换关系。

（5）求出摄像机内外参数以及畸变参数，消除镜头引入的变形现象，完成空间的信息融合。

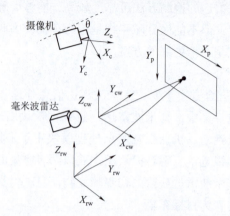

图4-1-17 毫米波雷达坐标系与摄像机坐标系

大量实验证明，毫米波雷达能够快速检测到前方的障碍物信息，并且其准确性和可靠度十分高，并据此信息建立图像感兴趣区域，使视觉传感器能够根据该感兴趣区域快速地检测前车，不仅能够根据各种特征准确判断障碍物是否为车辆，而且能够大幅减小需要计算的图像区域，从而大幅减少计算量，节约了时间，增强了实时性，提高了检测车辆的稳定性。

由于两者融合的优势，现阶段大多数车辆检测识别方案基于视觉传感器和毫米波雷达两种传感器，甚至更多传感器的融合，未来基于多传感器融合的智能信息技术仍然具有广泛的应用前景。

 任务实施

实训　FCW系统演示

一、任务准备

1. 场地设施
先进辅助驾驶功能研发平台，直流稳压电源，万用表。

2. 学生组织
分组进行，在智能网联汽车测试场地进行实训，实训内容如表4-1-2所示。

表4-1-2 实训内容

时间	任务	操作对象
0~10 min	组织学生讨论自动制动辅助系统	教师
11~30 min	FCW系统演示实操	学生
31~40 min	教师点评和讨论	教师

二、任务实施

1. 开展实训任务

1）运行前准备

（1）实训台使用场地地面平整、无坡度，保持良好的通风环境。

（2）实训台前方保证 10 m 以上的空间，左右两侧保证 3.5 m 以上的空间。

（3）确定好实训台位置后，将实训台的脚轮锁死，防止滑动。

（4）实训台附近需配有 2 组 220 V×10 A 插座及 1 组 220 V×16 A 插座（墙插、地插或线排），且保证额定功率大于 2.5 kW。

（5）准备直流电源。

①连接直流电源 220 V×16 A 电源线。

②将电源调整为 47～50 V，电流调整不能低于 20 A。

2）开机操作

（1）连接 220 V 系统电源线，此时台架高压系统上电，操作面板上中控屏开机。

（2）操作遥控器打开显示器，显示器启动主页面后进行下一步操作。

（3）连接 220 V 计算平台电源线，此时计算平台上电自启动，几秒后显示器弹出信号源选择，请选择信号源 HDMI1 进入 Ubuntu 系统。

（4）选择用户名 bit，输入密码 123456wh，按 Enter 键，正常打开操作系统。

（5）打开操作面板上的电源总开关（顺时针旋转），打开点火开关，此时台架低压系统上电。

（6）在工控机主界面的右上角，可以查看或设置工控机的网络连接状态，确认以太网已连接。若以太网未连接或需要设置工控机的网络连接，可以在网络设置上选择 IPv4，将 IP 地址设置为"192.168.0.55""255.255.255.0"，单击"应用"按钮，设备即可进入网络连接状态。

3）软件启动

（1）双击桌面 ADAS 图标，启动主程序。

（2）正常打开 ADAS 主程序，同时桌面左上角会有对应的终端窗口打开（对所有打开的终端不要进行任何修改、编辑等操作）。

（3）点亮组合仪表：单击 ADAS 主程序仪表 ROS"启动"按钮。

（4）组合仪表点亮，组合仪表显示功能包括安全带未系报警灯、挡位显示、车速显示、电量显示、左转向指示灯、右转向指示灯、ACC 指示灯、FCW 指示灯、车距显示、车道线显示、蜂鸣器警报等。

（5）组合仪表点亮后，未系安全带时，组合仪表内蜂鸣器会报警，提示驾驶员系上安全带。

4）FCW 系统演示

（1）在中控屏中打开"dashboard" App，单击"前碰撞预警"选项。

（2）启动 FCW 功能：单击 ADAS 主程序 AEB FCW 真实场景"启动"按钮。

（3）系好安全带。

（4）将挡位开关旋至 D 挡位置，使组合仪表显示 D 挡。

（5）踩下油门踏板，可以观察组合仪表内车速显示，当车速>30 km/h 时，触发 FCW 功能。（注意：若踩下油门踏板，设备不能运行，则需要按下"切换开关"3 s 将模式调至手动开车模式。）

（6）系统在行驶过程中使用实景摄像头对路面动态行人进行实时检测，并测算相应距离，显示在检测框上方。在行驶过程中使用前置毫米波雷达对运动中的行人和车辆进行距离和相对速度检测。

（7）安全状态：在行驶过程中，若台架前方远距离（>10 m）处无行人和车辆（或无障碍物），组合仪表指示灯不亮，安全车距图标显示灰色。

（8）安全距离报警：在行驶过程中，若本车长时间近距离（4 m 左右）跟车行驶，组合仪表指示灯点亮，安全车距图标显示绿色。

（9）预报警：在行驶过程中，当与前车存在碰撞风险（距离为 2.5~4 m）时，组合仪表指示灯点亮，同时安全车距图标显示红色，发出声音预警和方向盘振动。

（10）紧急报警：碰撞风险加剧（距离为 2~2.5 m），组合仪表指示灯闪烁，安全车距图标显示红色，发出声音预警，同时伴随安全带收紧。

（11）紧急制动：组合仪表上车速值减少，实训台车轮转速降低至 0，车辆紧急制动。

（12）演示完毕后，将挡位开关旋至 N 挡位置，单击 AEB FCW 真实场景"关闭"按钮；在中控屏选择"驾驶"→"安全辅助"选项，在"前碰撞预警"选项区域单击"关闭"按钮。

2. 检查实训任务

单人实操后完成实训工单（见表 4-1-3），请提交给指导教师，现场完成后教师给予点评，作为本次实训的成绩计入学时。

表 4-1-3　FCW 系统演示实训工单

实训任务					
实训场地		实训学时		实训日期	
实训班级		实训组别		实训教师	
学生姓名		学生学号		学生成绩	
实训准备	实训场地准备				
	1. 正确清理实训场地杂物（□是　□否） 2. 正确检查安全情况（□是　□否）				
	防护用品准备				
	1. 正确检查并佩戴劳保手套（□是　□否） 2. 正确检查并穿戴工作服（□是　□否） 3. 正确检查并穿戴劳保鞋（□是　□否）				

续表

实训准备	车辆、设备、工具准备	
	1. 测量设备（□是　□否） 2. 先进辅助驾驶功能研发平台（□是　□否）	
	先进辅助驾驶功能研发平台基本检查	
	检查直流电源电压是否正常（□是　□否）	
实训过程	操作步骤	考核要点
	1. 运行前准备 2. 开机 3. 启用软件 4. 演示 FCW 系统	1. 正确做完准备工作（□是　□否） 2. 正确启动设备（□是　□否） 3. 正确启动软件（□是　□否） 4. 正确演示 FCW 系统（□是　□否）

3. 技术参数准备

以本书为主。

4. 核心技能点准备

（1）准确、完整地分析场景要素。

（2）实训时严格按要求操作，并穿戴相应防护用品（工作服、劳保鞋、劳保手套等）。

（3）FCW 系统演示。

5. 作业注意事项

（1）实训时严格按工艺要求操作，并穿戴相应防护用品（工作服、劳保鞋、劳保手套等），不准赤脚或穿拖鞋、高跟鞋和裙子作业，留长发者要戴工作帽。

（2）配电的线排（墙插或地插）保证功率大于 2.5 kW。

（3）真实场景摄像头已经标定好，禁止拆卸或掰动。

（4）每个功能测试完成后，需将其完全关闭，方可测试下一个功能。

（5）每次真实场景与仿真场景切换时，需按下操作面板上的"切换开关"3 s，然后松开。

（6）如操作时遇到紧急情况，请及时关闭操作面板上的电源总开关（逆时针旋转）。

（7）实训台通电后，如果周围 0.7 m 范围内有障碍物，则系统会持续报警，此时可以先把超声波雷达功能开启。

（8）禁止私自改动实训台线路。

（9）计算平台操作系统及中控操作系统提示升级时，一律取消操作，禁止升级。

（10）计算平台操作系统及中控操作系统内所有文件禁止私自编辑及删除。

（11）实训台不使用后，将鼠标开关拨到"OFF"位置，延长电池寿命。

（12）实训时要严格按照操作手册步骤执行。

任务评价

任务完成后填写任务评价表 4-1-4。

表 4-1-4　任务评价表

序号	评分项	得分条件	分值	评分要求	得分	自评	互评	师评
1	安全/7S/态度	作业安全、作业区 7S、个人工作态度	15	未完成 1 项扣 1~3 分，扣分不得超 15 分		□熟练 □不熟练	□熟练 □不熟练	□合格 □不合格
2	专业技能能力	正确给台架上电	5	未完成 1 项扣 1~5 分，扣分不得超 45 分		□熟练 □不熟练	□熟练 □不熟练	□合格 □不合格
		正确配置 IP	10					
		正确启动软件	15					
		正确启动 FCW 系统演示	15					
3	工具及设备使用能力	先进辅助驾驶功能研发平台	10	未完成 1 项扣 1~5 分，扣分不得超 10 分		□熟练 □不熟练	□熟练 □不熟练	□合格 □不合格
4	资料、信息查询能力	其他资料信息检索与查询能力	10	未完成 1 项扣 1~5 分，扣分不得超 10 分		□熟练 □不熟练	□熟练 □不熟练	□合格 □不合格
5	数据判断和分析能力	数据读取、分析、判断能力	10	未完成 1 项扣 1~5 分，扣分不得超 10 分		□熟练 □不熟练	□熟练 □不熟练	□合格 □不合格
6	表单填写与报告撰写能力	实训工单填写	10	未完成 1 项扣 0.5~1 分，扣分不得超 10 分		□熟练 □不熟练	□熟练 □不熟练	□合格 □不合格
总分：								

试题训练

自动紧急制动系统

一、判断题

1. 前向碰撞（追尾碰撞）是最常见的道路交通事故形态。（　　）

2. FCW 系统会采取制动措施去避免碰撞或控制车辆。（　　）

3. AEB 是一种实时监测车辆前方行驶环境，判断本车与前方车辆是否存在潜在碰撞危险，并通过声音、视觉或触觉等方式对驾驶员进行预警的 ADAS。（　　）

4. 大量的碰撞事故促进了车辆防撞系统的研究，早在 20 世纪 60 年代，部分国家的企业已经开展了车辆防撞技术模块的研究。（　　）

5. 大量实验证明，毫米波雷达能够快速检测到前方的障碍物信息，并且其准确性和可靠度十分高。（　　）

二、选择题（多选）

1. 前向防撞系统主要分为（　　）三个模块。

　A. 模型预测　　　　B. 环境感知　　　　C. 决策　　　　D. 控制执行

2. FCW 系统主要利用（　　）设备监控车辆状态。

　A. 雷达　　　　　　B. 传感器　　　　　C. 摄像头　　　　D. GPS

3. （　　）是导致 20 世纪 60 年代车辆防撞技术研究进展缓慢的主要原因。

　A. 车辆制造成本过高　　　　　　　B. 缺乏毫米波雷达的关键技术突破

C. 人们对安全驾驶的重视不足　　　　D. 缺乏政府政策的支持

4. CMBS 首次在（　　）车型中应用。

A. 丰田雷克萨斯 LX　　　　　　　　B. 本田雅阁

C. 丰田雷克萨斯 RX　　　　　　　　D. 日产天籁

5. 毫米波雷达在车辆检测中的主要优势是（　　）。

A. 提供更高的图像分辨率　　　　　　B. 替代视觉传感器进行车辆检测

C. 能够大幅减少图像处理的计算量　　D. 增强了车速控制的精度

三、简答题

简单说明前向防撞系统的工作原理。

学习任务二　自动制动辅助系统实例应用

任务描述

　　自动制动辅助系统是车辆行驶过程中的安全卫士，通过不断监测周围环境和运用先进算法，及时识别潜在的减速或碰撞风险。一旦发现危险情况，系统会立即启动制动动作，根据车速、道路状况和周围车辆行为精确计算最佳制动策略，以确保车辆稳定减速或与前车保持安全距离。自动制动辅助系统在实际中的应用旨在提高车辆行驶安全性，确保驾驶员和乘客的安全。

任务目标

知识目标

1. 掌握四种安全车距模型相关知识。

2. 掌握碰撞时间（time to collision，TTC）模型相关知识。

3. 熟悉自动制动辅助技术法规及测试。

4. 学习自动制动辅助系统实例。

能力目标

掌握自动制动辅助系统基本概念。

素质目标

1. 培养学生解决实际问题的能力，提升学生在复杂驾驶场景下的应变和分析能力。

2. 培养团队合作意识，通过实训环节提升协作能力。

任务导入

　　自动制动辅助系统的实例应用在国家和社会层面具有重要的战略意义，特别是在智能网联汽车政策的背景下。首先，它在道路交通安全方面发挥着不可替代的作用。通过实时监测周围环境和识别潜在的危险情况，自动制动辅助系统能够根据情况迅速做出反应，采取适当的制动措施，有效减少交通事故的发生。这不仅有助于保护驾驶员和乘客的生命安全，也能够减少财产损失，降低社会的治安成本，促进社会的稳定与和谐。其次，自动制动辅助系统的广泛应用对于推动智能网联汽车产业的发展至关重要。作为智能网联汽车的核心安全技术之一，自动制动辅助系统的应用将会推动相关技术的不断创新和进步，进而推动整个汽车产业的升级和转型。这不仅有助于提升国家汽车产业的国际竞争力，还能够带动相关产业链的发展，为国家经济的持续增长注入新的动力。此外，自动制动辅助系统的普及也将对驾驶员的行车体验和社会交通效率产生积极影响。驾驶员可以更加放心地驾驶车辆，减少因驾驶疲劳或失误导致的交通事故。同时，自动制动辅助系统的智能化应用还有助于优化车辆行驶路径，减少交通拥堵，提高道路通行效率，为城市交通的智能化管理和优化提供重要支持。自动制动辅助系统的应用对国家和社会的重要性不言而喻，国家对自动制动辅助系统等关键技术的支持和投入，推动其在智能网联汽车领域的广泛应用，以实现交通安全、智能化管理和经济发展的有机结合，为建设现代化、安全化的交通系统做出更大贡献。

知识准备

一、安全车距模型

　　本任务主要介绍一些有代表性的安全车距模型。对于安全车距模型的要求：发出的报警信息尽可能少地影响驾驶员，只是给出一些提醒；该模型应最大可能符合驾驶员的使用习惯；在驾驶员做出回应后应及时停止警告。安全车距模型主要有马自达（Mazda）模型、本田模型、伯克利大学（Berkeley）模型、Seungwuk Moon 模型等，碰撞事件模型则有 TTC 模型。

1. 马自达模型

　　马自达模型是日本马自达公司为了应对日渐频繁的高速公路交通事故而提出来的，其安全判断方法：系统设定一个安全车距，并将其与检测到的实际距离进行比较，若实际距离等于或接近该系统设定的安全车距，则会发出报警信息；若实际距离小于安全车距，则系统自动控制制动系统。

　　马自达模型效果较好，大量实验表明其雷达抗干扰能力很强，但仍有一些明显的不足之处，因为该模型会将可能发生的所有碰撞都加以考虑，甚至将概率十分低的极端情况考虑进去，导致在汽车行驶过程中会时常报警，如此一来驾驶员容易对其产生疲劳感，减少对该系统的信任，甚至关闭系统导致错过对危险的判断。

2. 本田模型

　　本田模型的避撞逻辑包括碰撞预警和碰撞避免两个部分。在碰撞预警中，报警距离由两车相对速度乘以 2.2 再加上 6.2 得出。危险制动距离则分为两种计算情况：当目标车速度与其最大减速度的比值大于或等于系统制动时间时，计算方法为系统制动时间乘以相对速度，加上本车最大减速度乘以系统延迟时间和制动时间的积，再减去本车最大减速度乘以系统延迟时间平方的一半；当该比值小于系统制动时间时，计算方法为系统制动时间乘以本车速度，减去系统制动时间与延迟时间差的平方的一半，再减去目标车速度平方与两倍最大减速度的比值。在两种计算中，本车和目标车的最大减速度取 7.8 m/s^2，系统延迟时间取 0.5 s，系统制动时间取 1.5 s。由计算可知，本田模型的碰撞预警系统设定了较短的危险制动距离，因此自动制动介入较晚，更符合驾驶习惯，并且对驾驶员的正常驾驶影响较小。相比之下，本田模型在危险制动距离上明显比马自达模型更短。

3. 伯克利模型

伯克利模型采用了提醒报警和极限制动两种距离。在提醒报警距离方面，伯克利模型基于马自达模型的极限安全距离进行调整，设定了提醒报警距离。对于极限制动距离，伯克利模型通过以下方式计算。

首先，将两车的相对速度乘以驾驶员的反应时间与制动系统延迟时间的总和。然后，加上一个额外的项，这个项是将两车最大制动减速度乘以驾驶员反应时间和制动系统延迟时间总和的平方，再除以 2。具体参数：驾驶员反应时间取 1 s，制动系统延迟时间取 0.2 s，两车最大制动减速度取 6 m/s^2。

通过结合马自达模型和本田模型的优点，伯克利模型设定了提醒报警距离和极限制动距离，以提高模型的实用性。这种设计不仅减少了对驾驶员的干扰，同时也提高了系统的工作效率。

4. Seungwuk Moon 模型

Seungwuk Moon 模型用于计算制动危险距离，以确保车辆在紧急情况下能够安全制动。首先，该模型将两车的相对速度乘以系统延迟时间（在此取 1.2 s）。接着，模型计算一个附加项，这个附加项是制动因数（取 1）乘以一个表达式，该表达式为两倍的本车速度减去两车的相对速度，再乘以相对速度，最后除以最大制动减速度（取 0.61g）。通过这种计算，Seungwuk Moon 模型能够准确评估在紧急情况下所需的制动距离，从而提高安全性和可靠性。

5. TTC 模型

海沃德于 1972 年定义 TTC 为"如果两个车辆以现在的速度和相同的路径继续碰撞，则需要碰撞的时间"。TTC 模型实时地计算出本车与前车在当前运动状态下，继续运动直到发生碰撞所需要的时间，并与事先设定好的阈值进行比较，根据不同的阈值分别采取预警、部分制动、全力制动操作。当 TTC 小于 FCW 阈值时，系统采用视觉、听觉或触觉向驾驶员报警；当 TTC 小于 AEB 阈值时，系统以一定的减速度进行紧急制动或全力制动。因此，阈值的确定是建立 TTC 模型的关键，一般情况下，TTC 的范围为 1.1~1.4 s，车辆的制动减速度的平均值为 0.52g。

Mobileye 通过统计驾驶员的反应时间和车辆的制动距离，认为在发生碰撞前 2.5 s 发出碰撞预警信号，驾驶员在收到预警信号后，经过一定的反应时间，采取制动操作，基本上可以保证车辆在发生碰撞前停止。考虑 Mobileye 的后装产品以商用车为主，将阈值稍微放大一点儿，设置 FCW 的阈值为 2.7 s，以保证驾驶员有足够长的时间使车辆停止。在 TTC 算法中，设定 TTC 的预警阈值为 2.6 s，部分制动的阈值为 1.6 s，全力制动的阈值为 0.6 s。也可以根据车辆的不同车速设定不同的阈值范围，及其对应的系统动作，如表 4-2-1 所示。

表 4-2-1　不同车速下 TTC 取值范围和对应的系统动作

车速/(km·h⁻¹)	TTC 取值范围/s	系统动作
20	0～1	全力制动
	1.1～2.5	部分制动
	>2.5	预警
40	0～1.3	全力制动
	1.4～2.8	部分制动
	>2.8	预警
60	0～1.8	全力制动
	1.9～2.3	部分制动
	>2.3	预警

二、自动制动辅助技术法规及测试

1. AEB 系统的性能要求

1）NHTSA 标准

NHTSA 标准由美国高速公路安全管理局提出，主要针对相应测试场景，如表 4-2-2 所示。

表 4-2-2　NHTSA 对 AEB 系统的性能要求测试

测试场景	本车速度降低或碰撞避免/(km·h⁻¹)		
	本车：40.2 目标车：0	本车：40.2 目标车：16.1	本车：72.4 目标车：32.2
静止目标车	≥15.8	—	—
慢速目标车	—	无碰撞	≥15.8

2）UNECE 标准

UNECE 标准是联合国欧洲经济委员会发布的对 AEB 系统性能要求的相关法规的草案，该草案主要针对质量大于 8 t 的商务车以及装备气液制动器的公交车和长途汽车，分为两个步骤执行。

（1）对 AEB 系统的基本要求如下。

①需装配有防抱死制动系统（ABS）。

②至少两种报警方式（听、视、触）。

③报警之后再紧急制动（$a \leqslant -4 \ \text{m/s}^2$）。

④AEB 系统可关闭。

⑤系统需自我判断是否迟钝或失效，若是则报警。

⑥目标车的类型为高容量批量生产的乘用车 M1AA 大轿车。

（2）对 AEB 系统的性能要求如下。

①紧急制动前 1.4 s 第一次报警，制动前 0.8 s 第二次报警。

②对于静止目标能自动刹车，至少从 80 km/h 降至 70 km/h。

③对于运动目标，本车速度为 80 km/h，目标车速度为 32 km/h 工况下不发生碰撞。

④两辆静止车间距足够大时，AEB 系统不应该报警或制动。

（3）对质量大于 8 t 的商务车以及装备气液制动器的公交车和长途汽车的要求如下。

①对于静止目标：能自动刹车，至少从 80 km/h 降低至 60 km/h。

②对于运动目标：本车初始速度为 80 km/h，目标车速为 12 km/h 工况下不发生碰撞。

2. AEB 系统测试场景

1）NHTSA 测试场景

如表 4-2-3 所示，NHTSA 测试场景主要分为静止目标车和慢速目标车两类。

表 4-2-3　NHTSA 测试场景

测试场景	车速/(km·h⁻¹)		
	本车：40.2 目标车：0	本车：40.2 目标车：16.1	本车：72.4 目标车：32.2
	测试次数		
静止目标车	8	—	—
慢速目标车	—	8	8

2）Euro-NCAP 的测试场景

该测试将 AEB 系统分为三类：城市 AEB 系统（AEB City）、高速公路 AEB 系统（AEB Inter-Urban）、车与行人安全的 AEB 系统（AEB pedestrian）。

Euro-NCAP 将 AEB City 和 AEB Inter-Urban 的测试场景分为三类，分别为后车追尾静止车（car-to-car rear stationary，CCRs），后车追尾运动车（car-to-car rear moving，CCRm），后撤车追尾制动车（car-to-car rear breaking，CCRb）。三者测试场景示意分别如图 4-2-1、图 4-2-2、图 4-2-3 所示。

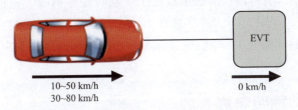

10~50 km/h
30~80 km/h
0 km/h

图 4-2-1　CCRs 测试场景示意

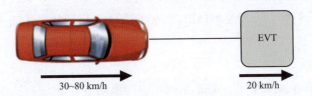

30~80 km/h
20 km/h

图 4-2-2　CCRm 测试场景示意

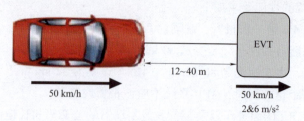

图 4-2-3　CCRb 测试场景示意

3）ADAC 的测试场景

该场景测试一般注重两个方面，其一是 AEB 系统是否在危险时刻能够有效避免该危险，其二是正常情况下 AEB 系统是否会产生误报或者报警次数过多等负面影响。故 ADAC 测试场景主要分为有效性测试和误报可靠性测试。

（1）有效性测试。

该测试主要是为了检测 AEB 系统的报警策略及其制动性能，一般分为以下 5 个场景。

①测试 B1：本车靠近慢速行驶的目标车，分为低速和高速。

②测试 B2：本车驶向正在制动的目标车。

③测试 B3：本车驶向快要刹停的目标车。

④测试 B4：本车驶向静止的目标车。

⑤测试 B5：本车驶向缓慢行驶的目标车。

（2）误报可靠性测试。

该测试主要是在误报临界状态进行测试，看误报的情况是否发生次数过多，一般分为以下 4 个场景。

①弯道测试：在弯道上，目标车在本车右前方，到一定角度后目标车在本车视角的正前方，但实际两车不在同一车道。

②急刹车测试：即模拟急刹车情况，初始两车速度都为 50 km/h，相距 30 m，后来目标车在 2 s 内减速到 30 km/h。

③超车测试（目标车运动）：即模拟目标车运动时超车情况，目标车速度为 90 km/h，本车速度为 130 km/h，相距 50 m，本车需在 1 s 内变道。

④超车测试（目标车静止）：即模拟目标车静止时超车情况，本车速度为 50 km/h，相距 30 m，本车需在 1 s 内变道。

三、自动制动辅助系统实例

高工智能汽车研究院的 2024 年上半年度回顾数据显示，AEB 系统在中国市场的前装搭载率呈现显著的增长趋势。以下是对 AEB 系统的市场应用现状、法规进展与技术标准及未来展望的详细分析。

1. 市场应用现状

搭载率数据：2024 年上半年，AEB 系统在中国市场（不含进口）的前装搭载量达到了 601.05 万辆，整体搭载率为 62.10%。值得注意的是，在 15 万元以下车型中，AEB 系统的搭载率仅为 27.48%，而在 25 万元以上车型中，其搭载率已经超过了 90%。品牌分布如下。

TOP10 品牌搭载情况：在 2024 年上半年交付的新车中，五菱以最高的 AEB 系统搭载率位居第一，丰田、日产、吉利、长安等品牌的搭载率也表现突出。相对而言，自主品牌和新能源车的搭载率分别为 43.26% 和 56.30%，均高于去年同期水平。

AEB 系统标配品牌：特斯拉、理想、AITO、小米、蔚来等品牌在 2024 年上半年推出的新车型中，均实现了 100% 标配 AEB 功能。这些品牌的积极布局，反映出市场对智能驾驶辅助功能的重视程度在不断提升。

2. 法规进展与技术标准

欧盟与中国的法规推动：从 2024 年 7 月开始，欧盟规定所有新生产的乘用车和轻型商用车必须配备 AEB 功能，这一政策的出台大大推动了全球范围内 AEB 技术的普及。与此同时，中国也正在加快 AEB 系统强制性国家标准的立法进程，预计到 2026 年 10 月完成。这些法规的实施将成为 AEB 系统在全球范围内普及的重要推动力。

AEB 系统能力边界的挑战：随着法规的不断严格，AEB 系统不仅需要满足基本的紧急制动功能，还要在复杂的驾驶场景中表现出色，如应对恶劣天气、复杂道路状况等。这对技术能力提出了更高的要求，未来 AEB 系统将更加注重传感器的融合和算法的优化，以提升系统的可靠性和适应性。

3. 未来展望

市场渗透率的进一步提升：到 2024 年年底，AEB 系统的前装搭载率突破 70%。这意味着 AEB 系统将从目前的高端配置逐步成为各个价位车型的标配功能，特别是在中高端市场中，AEB 系统的搭载率将继续保持在高水平。

受芯片短缺的影响：尽管市场需求旺盛，全球芯片短缺也可能对 AEB 系统的进一步推广造成一定的限制。特别是在低阶 AEB 方案的升级过程中，芯片供应不足可能会延缓新技术的应用和普及。随着芯片供应链的恢复和技术的进步，AEB 系统将在未来几年中持续发展。

安全与智能驾驶的融合：AEB 系统的功能和能力边界将决定未来高阶智能驾驶的安全水平。随着自动驾驶技术的成熟，AEB 系统不仅用于紧急制动，还将与其他驾驶辅助系统协同工作，成为实现全自动驾驶的关键环节。

高工智能汽车研究院的 2024 年上半年度回顾数据显示，AEB 系统在中国市场的渗透率显著上升，特别是在中高端和新能源汽车市场中表现突出。随着法规的推动和技术的进步，AEB 系统将在未来几年中进一步普及，并逐步成为车辆安全配置的标配功能。汽车制造商将面临如何在控制成本的同时，提升 AEB 系统功能和可靠性的挑战，而这一过程也将极大地推动智能驾驶技术的发展和成熟。

国内外各大汽车量产的多款汽车都已标配 AEB 系统，大部分车型采用了毫米波雷达做探测，少数采用毫米波雷达+视觉融合的方案，并采用供应商提供的 AEB 方案。只有少数汽车制造商（如特斯拉和理想等）采用 AEB 系统自研+视觉融合方案，自研方案能够使汽车制造商及时对 AEB 系统的一些功能进行优化，而无须与供应商进行沟通、确认和调试，减少了沟通成本和中间环节，能够及时发现系统存在的缺陷。理想 ONE 汽车配置的 AEB 系统在 2021 年的 AEB 测试中获得了总分第一的成绩，它在 AEB 测试中能够准确识别横向车辆和两轮车的车型。图 4-2-4 所示为理想 ONE 2021 款车型的 AEB 测试图片。

图 4-2-4　理想 ONE 2021 款车型的 AEB 测试图片

理想 ONE 2021 款车型采用了智能驾驶的全栈自研方案，使用两颗地平线的征程 3 芯片作为智能驾驶的计算单元。单颗地平线征程 3 芯片的算力为 5 TOPS，两颗在一起算力共 10 TOPS，感知计算 FPS 性能相当于 30 TOPS 的 GPU，而计算功率仅为 6 W。升级后理想 ONE 2021 款车型的 AI 性能提升了 12 倍，在原有的 L2 级辅助驾驶基础上，实现了 NOA 导航辅助驾驶的功能。理想 ONE 2021 款车型安装了 5 个毫米波雷达（包括一个博世第 5 代前毫米波雷达和 4 个角毫米波雷达）、1 个 800 万像素的前视摄像头、4 个环视摄像头、12 个超声波雷达（见图 4-2-5）。得益于理想 ONE 2021 款车型采用了 AEB 系统自研+视觉融合方案，以及量产车真实道路环境的海量收集数据，理想 ONE 汽车的 AEB 系统基于真实路况下的高效试验与快速迭代，通过收集回传的数据对用户用车场景和车辆问题进行分类研究，实现了对国内复杂道路交通环境的强大适应力。因此，理想 ONE 汽车的 AEB 系统在车辆横穿、行人横穿、儿童"鬼探头"、电动车横穿等各种复杂路况下，均具有优秀的发挥，是唯一能够准确识别横向车辆和两轮车的车型。

图 4-2-5　理想 ONE 2021 款车型的部分传感器

任务实施

实训　无人小车检测障碍物停车

一、任务准备

1. 场地设施

无人小车。

2. 学生组织

分组进行，在智能网联汽车测试场地进行实训。实训内容如表4-2-4所示。

表4-2-4　实训内容

时间	任务	操作对象
0~10 min	组织学生讨论自动制动辅助系统实例应用	教师
11~30 min	无人小车检测障碍物停车实操	学生
31~40 min	教师点评和讨论	教师

二、任务实施

1. 开展实训任务

1）检查路网

打开home文件夹中的路网文件夹，根据要演示的场地，选取路网。复制seg文件夹下的xml文件（每一个单独的seg为一组路网）。分别把复制的xml文件替换/home/bit3/xml_director/changsha目录和/home/bit3/mutl_agent_cmd/roadnet目录下的xml文件（先清空原来的，然后把当前的路网粘贴进去）。

2）检查无人驾驶模式

打开 ＄HOME/autonomous/config/msg_converter.yaml，核实部分程序如下。

```
## to local path proto
path_plan_to_local_path: true
local_roadnet_to_local_path: false
## copycat path to ...
copycat_to_local_path: false
copycat_to_topology_global_path: false
```

3）启动无人驾驶模块脚本

进入桌面，打开终端，在终端输入指令：bash start_20230413.sh，等到弹出窗口进行下一步操作。

4）无人驾驶任务下发

（1）绑定IP，滚动鼠标滚轮，放大右侧地图，直至分辨率到最大，此时在右侧地图中可以看到代表当前位置的红色箭头。如果不绑定 IP，以下操作都不能进行。

（2）任务类型选中"使用路网"单选按钮。

（3）巡逻模式根据演示内容进行选择。

（4）单击"加载路网"按钮。

（5）单击"制作任务点"按钮。

（6）在红色箭头（代表当前位置）前方单击选点，第一个点的位置距离箭头大概两个光标的距离，然后在整个路网上选取 5 或 6 个点，如果是循环绕圈，则最后一个点在箭头后两个光标的距离。

（7）在右侧地图处右击，选择"保存"选项。

（8）单击"加载任务点"按钮。

（9）单击"任务发送"按钮。

（10）确认遥控器为遥控状态。

5）启动无人小车检测障碍物停车程序

（1）打开 home 文件夹下的 catkin_radar 文件夹。

启动 radar，右击启动一个终端，输入以下命令。

```
source devel_isolated/setup.bash
```

按 Enter 键，再输入以下命令。

```
roslaunch frontal_delphi_radar.launch
```

再按 Enter 键。

（2）启动 fcw 节点，打开 home 文件夹下的 catkin_fcw 文件夹。

右击启动一个终端，输入以下命令。

```
source devel/setup.bash
```

按 Enter 键，再输入以下命令。

```
roslaunch fcw_aeb.launch
```

再按 Enter 键。

（3）返回软件界面，单击"任务启动"按钮，切换无人驾驶。

2. 检查实训任务

单人实操后完成实训工单（见表 4-2-5），请提交给指导教师，现场完成后教师给予点评，作为本次实训的成绩计入学时。

表 4-2-5　无人小车检测障碍物停车实训工单

实训任务					
实训场地		实训学时		实训日期	
实训班级		实训组别		实训教师	
学生姓名		学生学号		学生成绩	
实训准备	实训场地准备				
	1. 正确清理实训场地杂物（□是　□否） 2. 正确检查安全情况（□是　□否）				
	防护用品准备				
	1. 正确检查并佩戴劳保手套（□是　□否） 2. 正确检查并穿戴工作服（□是　□否） 3. 正确检查并穿戴劳保鞋（□是　□否）				
	车辆、设备、工具准备				
	1. 测量设备（□是　□否） 2. 无人小车（□是　□否）				
	无人小车基本检查				
	检查直流电源电压是否正常（□是　□否）				
实训过程	操作步骤			考核要点	
	1. 检查路网 2. 检查无人驾驶模式 3. 启动无人驾驶模块脚本 4. 无人驾驶任务下发 5. 启动无人小车检测障碍物停车程序			1. 正确检查路网（□是　□否） 2. 正确检查无人驾驶模式（□是　□否） 3. 正确启动无人驾驶模块脚本（□是　□否） 4. 正确下发无人驾驶任务（□是　□否） 5. 正确启动无人小车检测障碍物停车程序（□是　□否）	

3. 技术参数准备

以本书为主。

4. 核心技能点准备

（1）准确、完整地分析场景要素。

（2）实训时严格按要求操作，并穿戴相应防护用品（工作服、劳保鞋、劳保手套等）。

（3）可以完成单车无人驾驶操作。

5. 作业注意事项

（1）不允许使用插线板插接随车充电设备。

（2）实训时严格按工艺要求操作，并穿戴相应防护用品（工作服、劳保鞋、劳保手套等），不准赤脚或穿拖鞋、高跟鞋和裙子作业，留长发者要戴工作帽。

任务评价

任务完成后填写任务评价表 4-2-6。

表 4-2-6　任务评价表

序号	评分项	得分条件	分值	评分要求	得分	自评	互评	师评
1	安全/7S/态度	作业安全、作业区 7S、个人工作态度	15	未完成 1 项扣 1~3 分，扣分不得超 15 分		□熟练 □不熟练	□熟练 □不熟练	□合格 □不合格
2	专业技能能力	正确检查路网	5	未完成 1 项扣 1~5 分，扣分不得超 45 分		□熟练 □不熟练	□熟练 □不熟练	□合格 □不合格
		正确启动无人驾驶模块脚本	10					
		正确下发无人驾驶任务	15					
		正确启动无人小车检测障碍物停车程序	15					
3	工具及设备使用能力	无人小车	10	未完成 1 项扣 1~5 分，扣分不得超 10 分		□熟练 □不熟练	□熟练 □不熟练	□合格 □不合格
4	资料、信息查询能力	其他资料信息检索与查询能力	10	未完成 1 项扣 1~5 分，扣分不得超 10 分		□熟练 □不熟练	□熟练 □不熟练	□合格 □不合格
5	数据判断和分析能力	数据读取、分析、判断能力	10	未完成 1 项扣 1~5 分，扣分不得超 10 分		□熟练 □不熟练	□熟练 □不熟练	□合格 □不合格
6	表单填写与报告撰写能力	实训工单填写	10	未完成 1 项扣 0.5~1 分，扣分不得超 10 分		□熟练 □不熟练	□熟练 □不熟练	□合格 □不合格
总分：								

试题训练

自动紧急制动系统的性能测试

一、判断题

1. 马自达模型是日本马自达公司为了应对高速公路交通事故而提出来的。（　　）

2. 本田模型相对于马自达模型对驾驶员的干扰较大。（　　）

3. 伯克利模型结合了马自达模型和本田模型的优点。（　　）

4. TTC 模型实时地计算出本车与前车在当前运动状态下，继续运动直到发生碰撞所需要的时间，并与事先设定好的阈值进行比较，根据不同的阈值分别采取预警、部分制动、全力制动操作。（　　）

5. UNECE 标准是联合国欧洲经济委员会发布的对 AEB 系统性能要求的相关法规的草案。（　　）

二、选择题

1. （　　）首先提出了马自达安全车距模型。

A. 丰田公司　　　　B. 本田公司　　　　C. 马自达公司　　　D. 尼桑公司

2. 本田模型中，报警距离的计算方法是（　　）。

A. 相对速度乘以 3.0，再加 6.0　　　　B. 相对速度乘以 2.2，再加 6.2

C. 相对速度乘以 2.0，再加 5.0　　　　D. 相对速度乘以 1.5，再加 5.5

3. 伯克利模型相比于马自达模型的主要改进是（　　）。

A. 增加了系统延迟时间的考虑　　　B. 提高了车辆的加速度

C. 调整了提醒报警和极限制动的距离　　D. 增强了车辆的稳定性

4. Seungwuk Moon 模型中的系统延迟时间取值为（　　　）。

A. 1 s　　　　　　B. 0.5 s　　　　　C. 1.2 s　　　　　D. 1.5 s

5. TTC 模型中的预警阈值一般设定为（　　　）。

A. 1.1 s　　　　　B. 2.5 s　　　　　C. 2.7 s　　　　　D. 1.6 s

三、简答题

简述马自达模型的原理。

项目五　路径跟踪系统

在自动驾驶技术中，路径跟踪系统是确保车辆能够精确沿指定路线行驶的核心系统。通过学习本项目，学生将深入了解路径跟踪系统的基本原理和功能模块。本项目将带领学生学习如何控制车辆保持在既定轨迹上，探索路径跟踪系统中各个关键模块的作用，最后通过模拟实验或实际操作，体验路径跟踪系统在不同驾驶场景中的实际应用。通过本项目的学习，学生不仅能够掌握路径跟踪系统的核心技术，还能够提升解决实际问题的能力，为未来的智能驾驶领域打下坚实基础。

学习任务一 路径跟踪系统认知

任务描述

智能网联汽车的路径跟踪系统设计着重协调两个关键部分：规划模块和底盘控制模块。规划模块负责分析路况、用户输入和导航信息，找出最佳行车方案。一旦确定最佳行车方案，规划模块把指令传给底盘控制模块，控制系统负责把这些指令转化成车辆动作，如转弯、加减速等。这个过程需要确保指令传输快速、精准，以确保车辆安全运行。

任务目标

知识目标

1. 了解汽车路径跟踪技术的设计思路。

2. 了解建立车辆模型的意义和作用。

3. 熟悉车道保持功能（lane keeping assist，LKA）的基本原理。

4. 了解LKA的工作机制。

技能目标

1. 能够独立建立车辆模型。

2. 熟悉LKA演示软件启动方法。

素质目标

1. 培养学生对智能驾驶技术的兴趣和责任感，理解路径跟踪系统在提高行车安全中的重要作用。

2. 提升学生在学习过程中主动思考、分析问题的能力，增强创新意识。

3. 鼓励团队合作，培养学生在讨论和项目协作中的沟通和合作能力。

任务导入

智能网联汽车领域中，路径跟踪系统扮演关键角色。该系统利用先进的传感器技术和高级算法，实时监测车辆周围环境，帮助驾驶员或自动驾驶系统识别道路、障碍物、交通标志等，并调整行驶轨迹。其重要意义体现在提升行驶安全性、支持自动驾驶功能、改善驾驶体验以及提高交通效率等方面。通过路径跟踪系统，汽车可以更精准地避开潜在危险，实现自主导航，提高驾驶员的舒适度，并有效缓解交通拥堵，为未来智能交通的发展打下坚实基础。

知识准备

本任务阐述了智能汽车应当沿怎样的路径从当前位置行驶到目标位置，规划模块将路径下发给底盘控制模块后，路径跟踪系统需要具体地操控车辆的各个部分，使其沿既定路线行驶。在传统的车辆行驶情景中，承担路径跟踪功能的是车辆驾驶员，驾驶员会根据路线不断地修正方向盘角度，使车辆沿正确的路线行驶，同时根据上下坡的不同路况调整油门和制动踏板，使车速保持在合适的范围内。对于智能汽车来说，不论是规划还是控制，其本质都是对人的规划或控制过程的模仿。本任务将为学生介绍，智能汽车的路径跟踪系统是如何像人一样操控车辆，最终实现平稳的路径跟踪。

如图 5-1-1 所示，无人驾驶路径跟踪主要包括车辆模型和车辆控制算法两方面内容，车辆模型包括车辆运动学模型和车辆动力学模型；车辆控制算法包括纯跟踪算法、Stanley 算法、模型预测控制（model predictive control，MPC）算法。本任务将对这些内容展开讲解。

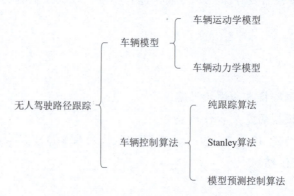

图 5-1-1　无人驾驶路径跟踪框架图

一、车辆模型

在控制车辆之前，需要先建立车辆模型，车辆模型一般可以分为车辆运动学模型和车辆动力学模型。车辆运动学模型只考虑车辆速度、加速度等，而车辆动力学模型一般包括用于分析车辆平顺性的质量-弹簧-阻尼模型和分析车辆操纵稳定性的车辆-轮胎模型。两者研究的侧重点不同，车辆平顺性分析的重点是车辆的悬架特性，而车辆操纵稳定性分析的重点是车辆纵向及侧向动力学特性。

1. 车辆运动学模型

路径跟踪系统是要跟踪期望路径，属于车辆操纵稳定性问题，因此控制模块分析建立的车辆运动学模型基于车辆-轮胎模型。运动学是以几何学的角度研究物体的运动规律，包括物体在空间的位置、速度等随时间变化而产生的变化。在车辆路径规划算法中应用车辆运动学模型可以使规划出的路径切实可行，并满足驾驶过程中的运动学约束。在介绍车辆运动学模型前，应先了解轮式车辆的转向方式。

轮式车辆有 4 种比较典型的转向方式：独立转向、阿克曼转向、铰接转向和差速转向。独立转向的每个车轮都安装有转向驱动装置，根据既定的运动协调关系和控制算法实现转向功能。阿克曼转向通过连杆机构，实现左右两侧车轮在运动学上的协调，从而实现转向。铰接转向通过车体的铰接实现转向，铰接点可以是主动的，也可以是被动的。在被动铰接的配置下，车体一部分通过差速实现转向，使前面车体通过铰接点与后面车体有一定角度，进而实现转向。差速转向依靠调整车体两侧车轮速度实现不同的转弯半径，当左右两侧车轮速度相等、方向相反时，可实现中心转向。多数轮式车辆是采用阿克曼转向的形式进行转向，因此本任务的车辆运动学模型也是基于阿克曼转向模型建立的。

图 5-1-2 所示为阿克曼转向图解，阿克曼转向的特点是沿弯道转弯时，利用 4 连杆的相等曲柄使内侧轮的转向角比外侧轮大，使 4 个轮子路径的圆心大致交会于后轴的延长线上瞬时转向中心，让车辆可以顺畅地转弯。通过模型简化，可以将双轨车辆模型简化成图 5-1-3 所示的单轨自行车模型。

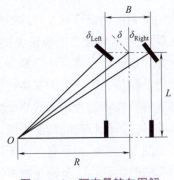

图 5-1-2 阿克曼转向图解

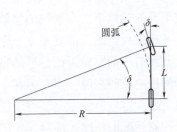

图 5-1-3 单轨自行车模型

阿克曼转向车辆因为是前轮转向，所以会受到最大前轮转角（对应车辆的最小转弯半径）约束。在阿克曼转向车辆特性的基础上建立车辆运动学模型。如图 5-1-4 所示，在 OXY 坐标系下，(X_r, Y_r) 和 (X_f, Y_f) 分别为车辆后轮和前轮轴心的坐标；φ 为车体的横摆角（航向角）；δ_f 为车辆前轮偏角；v_r 为车辆后轴中心速度；v_f 为车辆前轴中心速度；l 为轴距。

图 5-1-5 所示为车辆转向过程示意，R 为后轮转向半径；P 为车辆瞬时转向中心；M 为车辆后轮轴心；N 为车辆前轮轴心。此处假设转向过程中车辆质心侧偏角保持不变，则车辆瞬时转向半径与道路曲率半径相同。

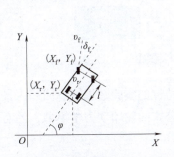

图 5-1-4 基于阿克曼转向的车辆运动学模型

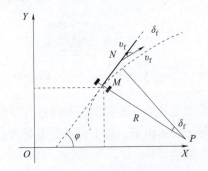

图 5-1-5 车辆转向过程示意

2. 车辆动力学模型

虽然根据车辆运动学模型设计路径跟踪控制器较简单，但在无人车逐步发展的过程中，提出了基于车辆动力学模型设计控制器。如图 5-1-6 所示，车辆动力学模型主要从非线性约束条件、车辆稳定性控制、算法实时性 3 个方面考虑无人驾驶车辆轨迹跟踪控制。

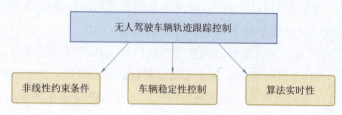

图 5-1-6　车辆动力学模型参考因素

在实际测试中发现，低速和中速情况下，仅使用车辆运动学模型设计的控制器，就可以较好地控制车辆，但当车速达到 80 km/h 左右，车辆在弯道部分会出现偏离中心线的现象。在这种速度或更高的速度下，车辆的侧偏效应会增加，仅使用车辆运动学模型无法满足精确控制的需要。基于这种情况，需要建立一个车辆动力学模型，反映车辆在高速情况下车辆轮胎发生侧偏或是湿滑路面车轮可能打滑的特性，将这种特性归纳为车辆的非线性约束条件。

对于车辆的横向控制来说，当车辆在车道内行驶时，抛开行驶的精度不谈，需要先保证车辆控制的稳定性，尽量避免振荡。对于任何一个控制系统来说，只有在保证稳定性的前提下，才能讨论控制系统的精度。最后，还需要考虑算法的实时性，车辆控制算法应当保证在车辆控制周期内将控制器计算出来。

轮胎的纵向力和侧向力与轮胎动力学模型密切相关，轮胎动力学模型的精确程度直接影响车辆动力学模型的特性。车辆依靠轮胎和地面的相互作用产生运动，轮胎的侧偏特性是操控车辆稳定性的基础，是影响车辆的转向特性和行驶稳定性的重要因素。如图 5-1-7 所示，轮胎动力学模型可以分为理论模型、自适应模型、经验模型、半经验模型 4 种。

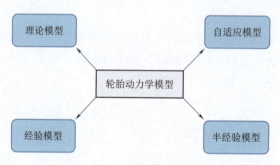

图 5-1-7　轮胎动力学模型

经验模型和半经验模型都是通过大量轮胎力学特性的实验数据进行回归，最后通过拟合参数的方法表达出来。其中，最有影响力的是魔术公式的轮胎动力学模型，还有幂指数公式的半经验模型。

魔术公式具有以下特点。

（1）使用一套公式即可描述轮胎的力学特性，统一性强，编程方便，需拟合参数较少。

（2）对侧偏和纵向力的拟合精度较高。

（3）包括非线性函数，计算量较大。

魔术公式在汽车工业已经得到广泛应用，有兴趣的学生可以查找相关资料，深入了解有关内容。

二、介绍

决策规划技术

LKA 是自动驾驶领域中的一项重要技术。它通过感知车辆行驶时的车道位置，并在车辆偏离车道时自动进行微调，帮助车辆保持在正确的车道中。以下是 LKA 的基本原理和工作机制。

1. 车道检测

（1）传感器与摄像头：LKA 系统主要依赖车辆前方的摄像头和传感器来实时监测道路的车道线。通常使用前置摄像头来捕捉道路图像，并通过图像处理算法识别车道线的位置。

（2）图像处理：摄像头捕捉到的图像通过一系列的图像处理算法进行分析，如边缘检测、直线拟合等，以识别出车道线的位置和形状。这些算法需要考虑不同的光照条件、道路标识的清晰度以及车道线的颜色和类型（实线、虚线等）。

2. 车辆定位与偏离检测

（1）车道中心定位：LKA 系统通过检测到的车道线，计算出车辆相对于车道中心的位置，通常涉及几何计算和估计车辆在道路上的横向偏移量。

（2）偏离判定：系统会持续监测车辆的位置，如果检测到车辆偏离车道中心并且有可能跨越车道线，系统就会触发警告或开始进行干预。

3. 车辆控制

（1）转向辅助：当 LKA 系统检测到车辆正在偏离车道时，会通过转向系统（如电动助力转向系统）施加轻微的转向力，使车辆重新回到车道中心。这一过程通常是微小且逐步的，以确保车辆行驶的平稳性和乘客的舒适感。

（2）驾驶员反馈与接管：LKA 系统通常会伴随警告信号，如方向盘振动或声音提示，提醒驾驶员车辆正在偏离车道。如果系统检测到驾驶员没有响应，则可能会增强转向干预力度。

4. 高级功能

（1）车道保持与自动驾驶：在更高级的自动驾驶系统中，LKA 系统可能与其他高级驾驶辅助系统（如 ACC、AEB）整合在一起，形成更全面的自动驾驶能力，能够处理更复杂的驾驶场景。

（2）道路类型适应：LKA 系统可以适应不同类型的道路（如高速公路或城市道路等），但在某些情况下（如道路标识模糊或极端天气条件下），系统性能可能会受到限制。

5. 挑战与未来发展

（1）感知与算法优化：随着技术的发展，LKA 系统的感知精度和算法处理能力正在不断提高，使其能够更准确地识别车道线并进行更平滑的控制。

（2）与 V2X 通信技术结合：未来的 LKA 系统可能会与 V2X 通信技术结合，通过获取其他车辆或道路基础设施的信息，进一步提升 LKA 的可靠性和智能化。

LKA 是提升行车安全性的重要技术之一，尤其在长时间驾驶或高速公路驾驶时，可以显著减轻驾驶员的负担并降低交通事故风险。

任务实施

实训　LKA 演示

一、任务准备

1. 场地设施

先进辅助驾驶功能研发平台，直流稳压电源，万用表。

2. 学生组织

分组进行，在智能网联汽车测试场地进行实训。实训内容如表 5-1-1 所示。

表 5-1-1　实训内容

时间	任务	操作对象
0～10 min	组织学生讨论路径跟踪系统结构	教师
11～30 min	LKA 演示实操	学生
31～40 min	教师点评和讨论	教师

二、任务实施

1. 开展实训任务

1）运行前准备

（1）实训台使用场地地面平整、无坡度，保持良好的通风环境。

（2）实训台前方保证 10 m 以上的空间，左、右两侧保证 3.5 m 以上的空间。

（3）确定好实训台位置后，将实训台的脚轮锁死，防止滑动。

（4）实训台附近需配有 2 组 220 V×10 A 插座及 1 组 220 V×16 A 插座（墙插、地插或线排），且保证额定功率大于 2.5 kW。

（5）准备直流电源。

①连接直流电源 220 V×16 A 电源线。

②将电源调整到 47～50 V，电流调整不低于 20 A。

2）开机操作

（1）连接 220 V 系统电源线，此时台架高压系统上电，操作面板上中控屏开机。

（2）操作遥控器打开显示器，显示器启动主页面后进行下一步操作。

（3）连接 220 V 计算平台电源线，此时计算平台上电自启动，几秒后显示器弹出信号源选择，请选择信号源 HDMI1 进入 Ubuntu 系统。

（4）选择用户名 bit，输入密码 123456wh，按 Enter 键，正常打开操作系统。

（5）打开操作面板上的电源总开关（顺时针旋转），打开点火开关，此时台架低压系统上电。

（6）在工控机主界面的右上角，可以查看或设置工控机的网络连接状态，确认以太网已连接。若以太网未连接或需要设置工控机的网络连接，可以在网络设置上选择 IPv4，将 IP 地址设置为"192.168.0.55""255.255.255.0"，单击"应用"按钮，设备即可进入网络连接状态。

3）软件启动

（1）双击桌面 ADAS 图标，启动主程序。

（2）正常打开 ADAS 主程序，同时桌面左上角会有对应的终端窗口打开（对所有打开的终端不要进行任何修改、编辑等操作）。

（3）点亮组合仪表：单击 ADAS 主程序仪表 ROS"启动"按钮。

（4）组合仪表点亮，组合仪表显示功能包括安全带未系报警灯、挡位显示、车速显示、电量显示、左转向指示灯、右转向指示灯、ACC 指示灯、FCW 指示灯、车距显示、车道线显示、蜂鸣器警报等。

（5）组合仪表点亮后，未系安全带时，组合仪表内蜂鸣器会报警，提示驾驶员系上安全带。

4）演示 LKA

（1）注意事项。

①功能启动前，操作面板上的挡位开关应置于 N 挡位置。

②功能开启时，方向盘会跟随系统转动，切记不要触碰方向盘。

③功能开启后，禁止踩刹车和油门。

④演示完毕后，按下操作面板上的"切换开关"3 s。

（2）操作步骤。

①将台架滑轨上的摄像头移动到靠近中间位置（有限位），并将滑块锁死。

②在中控屏中打开"dashboard"App，单击"车道线辅助"标签页，开启该标签下的"车道线保持"。

③在中控屏选择"驾驶"→"车道辅助"选项，在"车道线辅助灵敏度"选项区域，单击"标准"或"智能"按钮。

④启动 LKA：单击 ADAS 主程序 LKA 真实场景"启动"按钮。

⑤此时左上角终端程序自行运行，大概 5 s 后会自动弹出视频窗口，LKA 开启。

⑥通过实训台上的摄像头读取和识别车道线，行驶到弯道或车辆偏离车道线时，台架上的方向盘与车道线同步转向。

⑦演示完毕后，在桌面左侧任务栏单击 ADAS 图标，将 ADAS 主程序调到最前端，单击 LKA 真实场景"关闭"按钮；在中控屏选择"驾驶"→"车道辅助"选项，在"车道保持"选项区域，单击"关闭"按钮。

2. 检查实训任务

单人实操后完成实训工单（见表 5-1-2），请提交给指导教师，现场完成后教师给予点评，作为本次实训的成绩计入学时。

表 5-1-2　LKA 演示实训工单

实训任务				
实训场地		实训学时	实训日期	
实训班级		实训组别	实训教师	
学生姓名		学生学号	学生成绩	
实训准备	实训场地准备			
	1. 正确清理实训场地杂物（□是　□否） 2. 正确检查安全情况（□是　□否）			
	防护用品准备			
	1. 正确检查并佩戴劳保手套（□是　□否） 2. 正确检查并穿戴工作服（□是　□否） 3. 正确检查并穿戴劳保鞋（□是　□否）			
	车辆、设备、工具准备			
	1. 测量设备（□是　□否） 2. 先进辅助驾驶功能研发平台（□是　□否）			
	先进辅助驾驶功能研发平台基本检查			
	检查直流电源电压是否正常（□是　□否）			
实训过程	操作步骤		考核要点	
	1. 运行前准备 2. 开机 3. 启用软件 4. 演示 LKA		1. 正确做完准备工作（□是　□否） 2. 正确启动设备（□是　□否） 3. 正确启动软件（□是　□否） 4. 正确演示 LKA（□是　□否）	

3. 技术参数准备

以本书为主。

4. 核心技能点准备

（1）准确、完整地分析场景要素。

（2）实训时严格按要求操作，并穿戴相应防护用品（工作服、劳保鞋、劳保手套等）。

（3）可以启动演示 LKA。

5. 作业注意事项

（1）配电的线排（墙插或地插）保证功率大于 2.5 kW。

（2）真实场景摄像头已经标定好，禁止拆卸或掰动。

（3）每个功能测试完成后，需将其完全关闭，方可测试下一个功能。

（4）每次真实场景与仿真场景切换时，需按下操作面板上的"切换开关"3 s，然后松开。

（5）如操作时遇到紧急情况，请及时关闭操作面板上的电源总开关（逆时针旋转）。

（6）实训台通电后，如果周围 0.7 m 范围内有障碍物，系统会持续报警，此时可以先把超声波雷达功能开启。

（7）禁止私自改动实训台线路。

（8）计算平台操作系统及中控操作系统提示升级时，一律取消操作，禁止升级。

（9）计算平台操作系统及中控操作系统内所有文件禁止私自编辑及删除。

（10）实训台不使用后，将鼠标开关拨到"OFF"位置，延长电池寿命。

（11）实训时要严格按照操作手册步骤执行。

任务评价

车道偏离预警算法

任务完成后填写任务评价表5-1-3。

表5-1-3 任务评价表

序号	评分项	得分条件	分值	评分要求	得分	自评	互评	师评
1	安全/7S/态度	作业安全、作业区7S、个人工作态度	15	未完成1项扣1~3分，扣分不得超15分		□熟练 □不熟练	□熟练 □不熟练	□合格 □不合格
2	专业技能能力	正确清理实训场地杂物	5	未完成1项扣1~5分，扣分不得超45分		□熟练 □不熟练	□熟练 □不熟练	□合格 □不合格
		正确做完准备工作	10					
		正确启动设备	15					
		正确启动软件	15					
3	工具及设备使用能力	先进辅助驾驶功能研发平台	10	未完成1项扣1~5分，扣分不得超10分		□熟练 □不熟练	□熟练 □不熟练	□合格 □不合格
4	资料、信息查询能力	其他资料信息检索与查询能力	10	未完成1项扣1~5分，扣分不得超10分		□熟练 □不熟练	□熟练 □不熟练	□合格 □不合格
5	数据判断和分析能力	观察车辆车道保持情况	10	未完成1项扣1~5分，扣分不得超10分		□熟练 □不熟练	□熟练 □不熟练	□合格 □不合格
6	表单填写与报告撰写能力	实训工单填写	10	未完成1项扣0.5~1分，扣分不得超10分		□熟练 □不熟练	□熟练 □不熟练	□合格 □不合格
总分：								

试题训练

一、判断题

1. 智能网联汽车领域中，路径跟踪系统扮演着关键角色。（　　）

2. 无人驾驶的路径跟踪主要包括车辆模型和车辆控制算法两方面内容。（　　）

3. 在控制车辆之前，不需要建立车辆模型。（　　）

4. 路径跟踪系统需要跟踪期望路径，属于车辆操纵稳定性问题。（　　）

5. 对于任何一个控制系统来说，不用保证稳定性，就可以讨论控制系统的精度。

（　　）

二、选择题

1. 车辆运动学模型的研究重点是（　　）。

A. 车辆速度和加速度   B. 车辆纵向和侧向动力学特性

C. 悬架特性   D. 车辆平顺性分析

2. 以下 ( ) 方式依靠调整车体两侧车轮速度来实现不同的转弯半径。

A. 阿克曼转向   B. 独立转向   C. 差速转向   D. 铰接转向

3. 阿克曼转向的主要特点是 ( )。

A. 每个车轮都有独立的转向驱动装置

B. 依靠铰接实现转向

C. 通过差速实现左右两侧车轮不同转弯半径

D. 内侧轮的转向角比外侧轮大，瞬时转向中心交会于后轴延长线上

4. LKA 系统主要依赖 ( ) 设备来监测道路的车道线。

A. 摄像头和激光雷达   B. 传感器和摄像头

C. GPS 和车载计算机   D. 轮速传感器和 IMU

5. LKA 系统在车辆偏离车道时会 ( )。

A. 发出声音警告但不做其他动作   B. 通过电动助力转向系统施加轻微转向力

C. 自动停车   D. 通过制动踏板系统减速

三、简答题

简述 LKA 的工作原理及其主要组成部分。

学习任务二   路径跟踪系统模块认知

任务描述

路径跟踪系统模块是智能驾驶技术中的重要组成部分，路径跟踪系统模块能够准确判断车辆当前位置、方向和速度，并计算出最佳的行驶路径。同时，该模块还需实现对车辆转向角度、加速度等参数的精准控制，以确保车辆按照计算出的路径安全行驶。路径跟踪系统模块的任务是在复杂多变的交通环境中，实现车辆的智能导航和精准控制，为实现智能驾驶的安全、高效运行提供重要支持。

任务目标

知识目标

1. 了解路径跟踪技术中的纯跟踪算法。

2. 了解路径跟踪技术中的 Stanley 算法。

3. 掌握路径跟踪技术中的模型预测控制算法原理。

4. 了解模型预测控制算法在无人小车控制中发挥的作用。

技能目标

1. 能够推导三种路径跟踪算法。
2. 掌握无人小车纯控制实操方法。

素质目标

1. 提升学生在复杂系统中的问题解决能力，增强应对技术挑战的信心。
2. 增强学生在项目实施过程中注重细节和精准度的职业素养。

任务导入

　　路径跟踪系统的不断优化和智能化将带动汽车产业的技术升级和创新，促进相关产业链的发展，为国家智能制造业的崛起提供了强有力的支持。此外，路径跟踪系统的广泛应用还有助于提升交通效率和改善出行体验。智能驾驶技术的发展使交通管理更加智能化和精细化，能够更有效地调控交通流量、减少交通拥堵、提高道路通行效率，为社会减少能源消耗、降低碳排放提供支持，为城市交通管理提供新思路和新方法。综上所述，路径跟踪系统有助于提升交通安全水平、推动智能网联汽车产业发展、优化交通效率，为构建智能、安全、高效的交通系统做出重要贡献。

知识准备

车道保持辅助系统

一、路径跟踪算法

1. 纯跟踪算法

　　纯跟踪算法（pure pursuit）是一种典型的横向控制方法，最早由 R Wallace 在 1985 年提出，该算法对外界的鲁棒性较好。该算法是在阿克曼转向车辆运动学模型基础上推导出来的，在一般情况下效果尚可，但难以应对一些极端情况。如图 5-2-1 所示，坐标 (P_x, P_y) 为待跟踪路径上的一个目标点，又称预瞄点；车辆后轮中心代表车辆当前位置，l 为车辆当前位置到预瞄点的距离，即预瞄距离；α 为车辆当前位置与预瞄点的连线和车辆当前航向的夹角。纯跟踪算法是通过控制前轮偏角 δ，使车辆后轮可以沿一条半径为 R 且连接车辆当前位置和预瞄点的圆弧行驶。

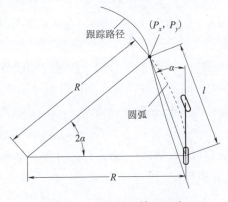

图 5-2-1　纯跟踪算法示意

2. Stanley 算法

Stanley 算法是斯坦福大学无人车项目在 DARPA 挑战赛中使用的路径跟踪控制方法。在 Stanley 算法中,同样使用阿克曼转向模型,如图 5-2-2 所示。

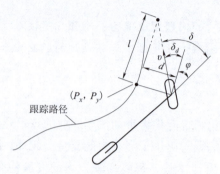

图 5-2-2　**Stanley 算法示意**

图 5-2-2 中,坐标 (P_x, P_y) 为位于跟踪路径上、距离前轮中心最近的路径点;d 为距离偏差(前轮中心到路径点的距离);φ 为角度偏差(距离车辆前轮最近的路段的航向与车辆当前航向的偏差);v 为前轮速度;δ 为前轮偏角。

在不考虑角度偏差的情况下,距离偏差越大,前轮转向角越大。假设车辆 t 时刻的位置,在 (P_x, P_y) 点的切线方向往前 $l(t)$ 处,再把 $l(t)$ 表示成速度与比例系数 k 的关系式,以消除距离偏差为目的,可得到的前轮偏角控制量为

$$\delta_d = \arctan \frac{d}{l} = \arctan \frac{kd}{v} \tag{5-1}$$

为了消除角度偏差 φ,可令前轮偏角控制量与该偏角相等,即

$$\delta_\varphi = \varphi \tag{5-2}$$

将两种控制量相加,即可得到 Stanley 算法表达式为

$$\delta = \delta_\varphi + \delta_d = \varphi + \arctan \frac{kd}{v} \tag{5-3}$$

3. 模型预测控制算法

生活中的启示:某团队接到一项任务,要求用 8 h 完成。根据已有的经验,可知这项任务可以分解成 8 个子任务,并且 1 h 大概能够完成一个子任务(注意:并不是一定可以完成)。那么应该如何规划这 8 h?如图 5-2-3 所示,有两种工作规划方案,分析两种方案哪种更有利于工作的完成。

(1)根据已有的知识和经验(模型)可以预计任务的完成情况。

(2)只规划未来固定一段时间的任务计划,而不是整个工作周期。

(3)每一固定时间段结束后检查任务完成情况,然后根据现有状态重新规划下一段时间的任务计划。

以上结论是模型预测控制算法的基础,如图 5-2-4 所示,模型预测控制算法基本原理包括预测模型、滚动优化、反馈校正。

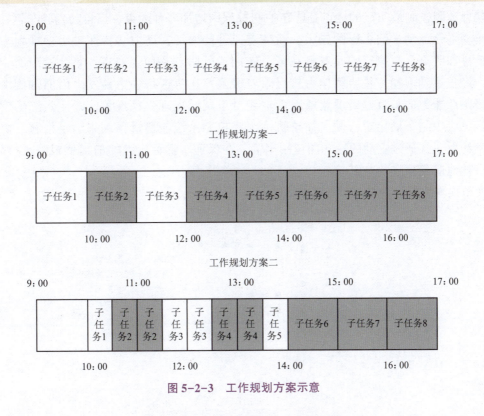

图 5-2-3　工作规划方案示意

图 5-2-4　模型预测控制算法基本原理

预测模型是模型预测控制算法的基础，主要功能是根据对象的当前信息和未来输入预测系统在未来的输出。模型预测控制算法通过某一性能指标的最优来确定控制作用，但优化不是一次离线进行，而是反复在线进行的，这就是滚动优化的含义，也是模型预测控制区别于传统最优控制的根本点，该原理也是模型预测控制算法对工控机计算力要求较高的原因之一。反馈校正是指为了防止模型失配或者环境干扰引起控制对理想状态的偏离。在新的采样时刻，首先检测对象的实际输出，并利用这一实时信息对基于模型的预测结果进行修正，然后进行新的优化，图 5-2-5 所示为反馈校正系统图。

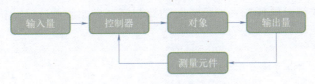

图 5-2-5　反馈校正系统图

模型预测控制最明显的优点是能在控制过程中增加多种约束，当自动驾驶车辆在低速时，车辆平台运动学约束影响较大，而随着速度的增加，动力学特性对运动规划与控制的影响更加明显。高速行驶时车辆在紧急转向或低附着路面上变道、紧急避障时，轮胎附着力经常达到饱和，轮胎侧偏力接近附着极限。在弯道行驶中易发生因前轴侧滑而失去轨迹跟踪能力的车道偏离现象或因后轴侧滑甩尾而出现失稳现象，即使熟练的驾驶员也经常无法控制车辆稳定行驶。如果轨迹跟踪控制系统能通过预测来满足滑移、侧倾等动力学约束，并通过主动的轮转向控制车辆，在保证车辆稳定性的前提下跟踪预期路径，则可有效地避免事故。

模型预测控制基本原理如图 5-2-6 所示。

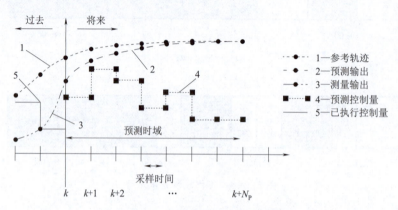

图 5-2-6　模型预测控制基本原理

控制过程中，始终存在一条期望参考轨迹，如图 5-2-6 中曲线 1 所示。以时刻 k 作为当前时刻（坐标系纵轴所在位置），控制器结合当前的测量值和预测模型，预测系统未来一段时域内 $[k, k+N_p]$（又称预测时域）系统的输出，如图 5-2-6 中曲线 2 所示。通过求解满足目标函数以及各种约束的优化问题，得到在控制时域 $[k, k+N_c]$ 内一系列的控制序列，如图 5-2-6 中的矩形波 4 所示（从坐标系纵轴开始），并将该控制序列的第一个元素作为受控对象的实际控制量。当来到下一个时刻 $k+1$ 时，重复上述过程，如此滚动地完成一个个带约束的优化问题，实现对被控对象的持续控制。

图 5-2-7 所示为模型预测控制原理。其中，包含模型预测控制器、被控平台和状态估计器三个模块。图 5-2-7 中模型预测控制器结合预测模型、目标函数和约束条件进行最优求解，得到当前时刻的最优控制序列 $u^*(t)$，输入被控平台，被控平台按照当前的控制量进行控制，然后将当前的状态量观测值 $x(t)$ 输入状态估计器。状态估计器对于那些无法通过传感器观测得到或者观测成本过高的状态量进行估计。将估计的状态量输入模型预测控制器，再次进行最优求解以得到未来一段时间的控制序列。如此循环，就构成了完整的模型预测控制过程。

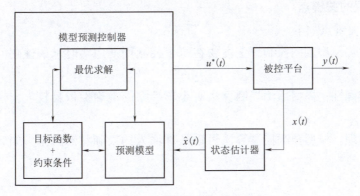

图 5-2-7　模型预测控制原理

二、任务实操简介

本任务的实操将使用模型预测控制算法来控制无人小车。

1. 步骤概述

1）建模

需要先建立无人小车的动力学模型。这个模型可以是基于牛顿力学的，也可以是基于无人小车运动学的简化模型。例如，可以使用非线性状态空间模型来描述小车的位移、速度、转向角等状态。

2）代价函数

在模型预测控制中，代价函数用于衡量当前控制策略与目标的差距。代价函数通常由多个部分组成，举例如下。

（1）跟踪误差：无人小车的实际轨迹与目标轨迹之间的误差。

（2）控制输入：用于控制无人小车的输入，如转向角和加速度。

（3）控制变化率：控制输入的变化率，以避免过大的控制输入变化。

3）预测与优化

使用小车的动力学模型，预测在未来几个小时无人小车的状态。然后，使用最优算法（如二次规划或非线性规划）来找到一组最优的控制输入序列，使代价函数最小化。

2. 实时控制

在每个控制周期内，计算一次优化问题，获取最优的控制输入序列。通常只执行第一个控制输入，然后在下一周期重新计算（以适应动态环境和误差积累）。

3. 实际应用

实际应用如下。

（1）路径跟踪：模型预测控制可用于无人小车的路径跟踪，使小车沿预定路径行驶。

（2）避障：通过将障碍物引入代价函数，模型预测控制可以优化路径以避免碰撞。

（3）速度控制：通过在代价函数中加入速度相关的项，模型预测控制可以控制小车的行驶速度。

4. 算法实现的关键点

算法实现的关键点如下。

（1）实时性：模型预测控制算法需要在每个控制周期内实时求解优化问题，因此计算效率至关重要。

（2）模型准确性：模型预测控制算法对小车模型的准确性依赖较大，模型误差会直接影响控制效果。

（3）约束处理：模型预测控制算法可以处理输入约束和状态约束，如转向角限制、速度限制等。

任务实施

实训　无人小车纯控制

一、任务准备

1. 场地设施

无人小车 1 辆。

2. 学生组织

分组进行，在智能网联汽车测试场地进行实训。实训内容如表 5-2-1 所示。

表 5-2-1　实训内容

时间	任务	操作对象
0~10 min	组织学生讨论路径跟踪算法	教师
11~30 min	自适应巡航系统实操	学生
31~40 min	教师点评和讨论	教师

二、任务实施

1. 开展实训任务

（1）工控机上电，检查遥控器权限，确保小车处于遥控模式，将小车置于急停状态。

（2）启动定位模块（具体步骤详见项目三实训部分）。

（3）检查配置文件，打开 $HOME/autonomous/config/msg_converter.yaml 核实配置，如图 5-2-8 所示。

（4）采集路网。

①启动 roscore。

打开一个新终端，在命令行中输入 roscore，按 Enter 键，如图 5-2-9 所示。

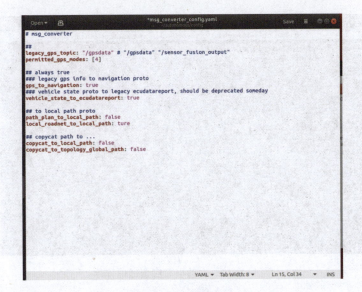

图 5-2-8　配置文件

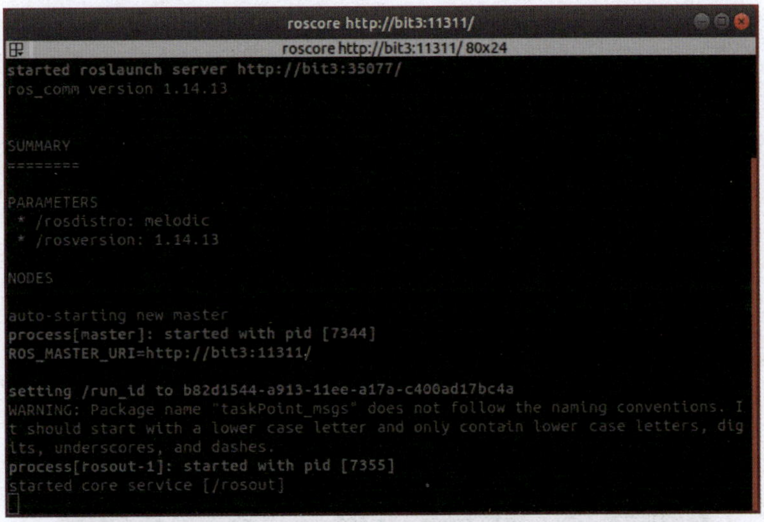

图 5-2-9　启动 roscore

②启动小车底盘通信程序。

打开一个新终端，输入如下命令。

```
cd ~/autonomous/catkin_ws/build/communication_utilities
```

打开 communication_utilities 文件夹，在终端中继续输入如下命令。

```
./communication_utilities_yhs_fr07
```

启动小车底盘通信程序，如图 5-2-10 所示。

图 5-2-10　启动小车底盘通信程序

③启动 msg_converter。

打开一个新终端，输入如下命令。

```
cd ~/autonomous/catkin_ws/build/msg_converter
```

打开 msg_converter 文件夹，在终端中继续输入如下命令。

```
./msg_converter
```

启动 msg_converter，如图 5-2-11 所示。

图 5-2-11　启动 msg_converter

④启动路网程序。

打开一个新终端，输入如下命令。

```
cd ~/autonomous/catkin_ws/build/local_roadnet
```

打开 local_roadnet 文件夹，在终端中继续输入如下命令。

```
./local_roadnet-r
```

启动路网程序，如图 5-2-12 所示。

图 5-2-12　启动路网程序

⑤使用遥控器控制小车录制路网，录制完成后，在路网程序的终端中按 Ctrl+C 组合键结束录制，关闭终端。

（5）启动纯控制循迹程序（部分程序与采集路网时重复，这里展示启动纯控制循迹程序完整的操作步骤）。

①启动 roscore。

打开一个新终端，在命令行中输入 roscore，按 Enter 键，如图 5-2-13 所示。

图 5-2-13　启动 roscore

②启动小车底盘通信程序。

打开一个新终端，输入如下命令。

```
cd ~/autonomous/catkin_ws/build/communication_utilities
```

打开 communication_utilities 文件夹，在终端中继续输入如下命令。

```
./communication_utilities_yhs_fr07
```

启动小车底盘通信程序，如图 5-2-14 所示。

图 5-2-14　启动小车底盘通信程序

③启动小车模型控制程序。

打开一个新终端，输入如下命令。

```
cd ~/autonomous/catkin_ws/build/motion_control
```

打开 motion_control 文件夹，在终端中继续输入如下命令。

```
./motion_control
```

启动小车模型控制程序，如图 5-2-15 所示。

图 5-2-15　启动小车模型控制程序

④启动 msg_converter。

打开一个新终端，输入如下命令。

```
cd ~/autonomous/catkin_ws/build/msg_converter
```

打开 msg_converter 文件夹，在终端中继续输入如下命令。

```
./msg_converter
```

启动 msg_converter，如图 5-2-16 所示。

图 5-2-16　启动 msg_converter

⑤启动路网程序。

打开一个新终端，输入如下命令。

```
cd ~/autonomous/catkin_ws/build/local_roadnet
```

打开 local_roadnet 文件夹，在终端中继续输入如下命令。

```
./local_roadnet-p
```

启动路网程序，如图 5-2-17 所示。

图 5-2-17　启动路网程序

⑥启动自动驾驶功能。

打开一个新终端，输入如下命令。

```
rosparam set auto_enable true
```

启动自动驾驶功能，如图 5-2-18 所示。

图 5-2-18　启动自动驾驶功能

⑦遥控器切换权限，观察小车运动情况。

2. 检查实训任务

单人实操后完成实训工单（见表 5-2-2），请提交给指导教师，现场完成后教师给予点评，作为本次实训的成绩计入学时。

表 5-2-2　无人小车纯控制实训工单

实训任务					
实训场地		实训学时		实训日期	
实训班级		实训组别		实训教师	
学生姓名		学生学号		学生成绩	
实训准备	实训场地准备				
	1. 正确清理实训场地杂物（□是　□否） 2. 正确检查安全情况（□是　□否）				
	防护用品准备				
	1. 正确检查并佩戴劳保手套（□是　□否） 2. 正确检查并穿戴工作服（□是　□否） 3. 正确检查并穿戴劳保鞋（□是　□否）				
	车辆、设备、工具准备				
	1. 测量设备（□是　□否） 2. 先进辅助驾驶功能研发平台（□是　□否）				
	先进辅助驾驶功能研发平台基本检查				
	检查直流电源电压是否正常（□是　□否）				

实训过程	操作步骤	考核要点
实 训 过 程	1. 工控机上电 2. 检查配置文件 3. 采集路网 4. 启动纯控制循迹程序	1. 正确启动工控机（□是　□否） 2. 正确配置文件（□是　□否） 3. 正确采集路网（□是　□否） 4. 正确启动纯控制循迹程序（□是　□否）

3. 技术参数准备

以本书为主。

4. 核心技能点准备

（1）准确、完整地分析场景要素。

（2）实训时严格按要求操作，并穿戴相应防护用品（工作服、劳保鞋、劳保手套等）。

（3）可以启动无人小车纯控制循迹程序。

5. 作业注意事项

（1）不允许使用插线板插接随车充电设备。

（2）实训时严格按工艺要求操作，并穿戴相应防护用品（工作服、劳保鞋、劳保手套等），不准赤脚或穿拖鞋、高跟鞋和裙子作业，留长发者要戴工作帽。

任务评价

任务完成后填写任务评价表 5-2-3。

表 5-2-3　任务评价表

序号	评分项	得分条件	分值	评分要求	得分	自评	互评	师评
1	安全/7S/态度	作业安全、作业区 7S、个人工作态度	15	未完成 1 项扣 1~3 分，扣分不得超 15 分		□熟练 □不熟练	□熟练 □不熟练	□合格 □不合格
2	专业技能能力	正确启动工控机	5	未完成 1 项扣 1~5 分，扣分不得超 45 分		□熟练 □不熟练	□熟练 □不熟练	□合格 □不合格
		正确采集路网	10					
		正确启动路网程序	15					
		正确启动纯控制循迹程序	15					
3	工具及设备使用能力	无人小车	10	未完成 1 项扣 1~5 分，扣分不得超 10 分		□熟练 □不熟练	□熟练 □不熟练	□合格 □不合格
4	资料、信息查询能力	其他资料信息检索与查询能力	10	未完成 1 项扣 1~5 分，扣分不得超 10 分		□熟练 □不熟练	□熟练 □不熟练	□合格 □不合格
5	数据判断和分析能力	数据读取、分析、判断能力	10	未完成 1 项扣 1~5 分，扣分不得超 10 分		□熟练 □不熟练	□熟练 □不熟练	□合格 □不合格
6	表单填写与报告撰写能力	实训工单填写	10	未完成 1 项扣 0.5~1 分，扣分不得超 10 分		□熟练 □不熟练	□熟练 □不熟练	□合格 □不合格
总分：								

 试题训练

一、判断题

1. 纯跟踪算法（pure pursuit）是一种典型的纵向控制方法。（　　）

2. 纯跟踪算法在一般情况下效果尚可，但难以应对一些极端情况。（　　）

3. Stanley 算法是斯坦福大学无人车项目在 DARPA 挑战赛中使用的路径跟踪控制方法。（　　）

4. 预测模型是模型预测控制算法的基础，主要功能是根据对象的当前信息和未来输入预测系统未来的输出。（　　）

5. 模型预测控制最明显的优点是能在控制过程中增加多种约束。（　　）

二、选择题

1. 纯跟踪算法的预瞄点是指（　　）。

A. 车辆前轮的一个控制点　　　　　　B. 路径上车辆需要跟踪的目标点

C. 车辆当前的速度方向　　　　　　　D. 车辆的后轮位置

2. 纯跟踪算法的主要目的是通过控制（　　）使车辆沿预定路径行驶。

A. 车辆的加速度　　　　　　　　　　B. 前轮偏角 δ

C. 车辆的速度　　　　　　　　　　　D. 后轮的位置

3. 在 Stanley 算法中，为了消除距离偏差 d，前轮偏角的控制量主要与（　　）成比例关系。

A. 车辆的加速度　　　　　　　　　　B. 距离偏差 d

C. 角度偏差 φ　　　　　　　　　　D. 前轮速度 v

4. Stanley 算法中，如何处理角度偏差 φ（　　）。

A. 通过改变车辆的加速度来调整

B. 通过调整前轮的速度来补偿

C. 通过将前轮偏角控制量设置为角度偏差 φ

D. 通过调整车辆的后轮位置来消除

5. 模型预测控制中，滚动优化的主要特点是（　　）。

A. 优化是一次性离线完成的　　　　　B. 优化是逐步在线进行的

C. 优化与系统模型无关　　　　　　　D. 优化不需要性能指标的参与

三、简答题

简述模型预测控制算法中的反馈矫正机制如何防止模型失配或环境干扰引起的控制偏差。

学习任务三 路径跟踪系统实例应用

任务描述

路径跟踪系统实例应用是在智能驾驶技术中的一个关键组成部分,其任务是监测和跟踪车辆的行驶路径,以确保车辆在行驶过程中沿预定的路径安全、稳定地行驶。该系统通常由车载传感器、导航系统和控制算法组成,其应用范围涵盖自动驾驶车辆、无人机、机器人等各种自动化系统。

任务目标

知识目标

1. 了解路径规划与路径跟踪的关系。

2. 了解路径跟踪系统的核心组件。

3. 掌握路径跟踪在不同驾驶场景中的应用。

4. 了解路径跟踪技术的实际案例。

技能目标

1. 理解 PID 控制算法。

2. 掌握单车无人驾驶软件启动方法。

素质目标

1. 培养学生在实际应用中综合运用所学知识的能力,提升动手实践和解决实际问题的能力。

2. 增强学生在团队合作中的沟通协调能力,培养学生在项目实施中注重协作与分工。

3. 提升学生的创新思维,鼓励学生对路径跟踪系统优化进行探索和改进。

任务导入

国家政策的支持将推动智能汽车产业的快速发展,而路径跟踪系统作为智能汽车的关键技术之一,将在产业升级和技术创新中发挥关键作用。该系统的应用将促进汽车产业的转型升级,推动相关产业链的发展,为国家经济增长注入新动力。此外,路径跟踪系统的广泛应用还有助于优化城市交通管理和改善出行体验。通过提高道路通行效率、减少交通拥堵,提升人民出行的便捷性和舒适度,同时促进城市交通环境的改善,推动城市可持续发展。总之,路径跟踪系统实例应用对国家和社会的重要性不容忽视。该系统的应用将提升交通安全水平、推动智能汽车产业发展、优化城市交通管理,为构建智慧城市和促进经济发展做出重要贡献。因此,国家应加大对路径跟踪系统技术的研发和应用推广力度,推动其在智能网联汽车领域的广泛应用。

知识准备

一、路径跟踪系统在无人驾驶系统中的应用

在无人驾驶系统中，路径跟踪系统扮演至关重要的角色。它不仅决定了车辆能否精准地沿预设路径行驶，还影响整个无人驾驶过程的安全性、效率和舒适性。路径跟踪系统通常与路径规划、感知系统、决策系统等模块密切配合，共同实现无人驾驶车辆的自主行驶。以下是路径跟踪系统在无人驾驶系统中的应用情况，以及一些实际案例的介绍。

1. 路径规划与路径跟踪系统的关系

（1）路径规划：路径规划模块负责在已知地图和实时环境数据的基础上生成一条从起点到终点的最优路径。这条路径通常会考虑道路结构、交通法规、障碍物位置等因素。

（2）路径跟踪系统：路径跟踪系统执行路径规划的结果，实时控制车辆的转向、速度和加速度，以确保车辆紧密跟随预定路径。路径跟踪系统不仅要保证精确性，还要在遇到突发情况时及时调整。

2. 路径跟踪系统的核心组件

（1）传感器融合：路径跟踪系统依赖多种传感器的数据，如 GPS 提供的定位信息，激光雷达和摄像头提供的环境感知数据，IMU 提供的车辆运动状态。这些数据通过融合算法进行综合处理，为路径跟踪系统提供精确的输入。

（2）控制算法：模型预测控制算法是路径跟踪系统中常用的控制算法。模型预测控制算法基于车辆动力学模型预测未来状态，并通过优化控制指令、最小化路径偏差，满足物理和安全约束条件。

（3）执行单元：路径跟踪系统生成的控制指令（如方向盘转角、车速调整等）会传递给车辆的执行单元（如电动机、转向系统等），这些执行单元负责实际操作车辆。

3. 路径跟踪系统在不同驾驶场景中的应用

（1）高速公路行驶：在高速公路上，路径跟踪系统需要确保车辆稳定地保持在车道中央，并在弯道、车道变窄、并线等情况下自动调整路径。特斯拉的 Autopilot 系统是一个典型案例，该系统利用路径跟踪技术，使车辆在高速公路上能够自主跟随前车、自动变道并保持车道。

（2）城市道路行驶：城市道路环境复杂，包括交叉路口、行人、自行车、其他车辆等动态元素。Waymo 的自动驾驶车辆在城市环境中的表现充分展示了路径跟踪系统的能力，能够精准跟踪路径，同时灵活应对交通信号、行人横穿马路等复杂情况。

（3）自动泊车：自动泊车是一项高度依赖路径跟踪技术的功能。特斯拉和宝马等品牌的自动泊车系统通过路径跟踪，使车辆能够在狭窄的停车位内精准停靠。车辆通过实时计算泊车路径，控制转向和速度，最终实现自主泊车。

4. 路径跟踪系统与其他子系统的协作

（1）感知系统：路径跟踪系统依赖感知系统提供的环境信息和车辆状态数据，以调整行驶路径。例如，在 Uber 的无人驾驶车辆中，激光雷达和摄像头数据用于实时感知周围环境，路径跟踪系统据此做出调整，避免与障碍物碰撞。

（2）决策系统：路径跟踪系统执行决策系统产生的高层次决策，如避障、超车或变道等操作。Cruise 的自动驾驶系统结合路径跟踪系统和决策系统，使车辆在复杂的城市环境中能够安全、智能地行驶。

（3）冗余与安全性：路径跟踪系统通常具有冗余设计，以保证在传感器或执行单元出现故障时，车辆仍能安全行驶。例如，许多无人驾驶车辆配备了多个 GPS 接收器和惯性传感器，以提高定位精度和系统可靠性。

5. 路径跟踪技术的实际案例

（1）Waymo 无人驾驶车辆：Waymo 的无人驾驶车辆在城市和郊区环境中展示了路径跟踪的优越性。车辆能够应对复杂的路况，包括拥挤的城市街道和高速公路上的复杂车流，路径跟踪系统确保车辆始终在安全范围内行驶。

（2）特斯拉 Autopilot 系统：特斯拉的 Autopilot 系统利用路径跟踪技术，使车辆在高速公路上自动行驶，甚至在一定程度上实现自动变道和超车。通过路径跟踪技术，系统能够准确保持车辆的车道居中，使车辆跟随前车并在必要时自动减速或加速。

（3）Nuro 无人配送车：Nuro 的无人配送车依靠路径跟踪技术在居民区中安全行驶，完成最后一公里的配送任务。路径跟踪系统结合 GPS 和感知数据，确保车辆能够沿人行道或车道边缘行驶，避开行人和其他障碍物。

6. 未来发展与挑战

随着无人驾驶技术的发展，路径跟踪系统将变得更加智能和自主，能够处理更加复杂的驾驶场景，如恶劣天气、夜间驾驶、多车协同等。同时，路径跟踪系统与其他子系统的协作将进一步增强，以提高整体系统的安全性和可靠性。

本任务的实操需要学生启动完整的单车无人驾驶程序，结合本项目中任务二的实操，体会路径跟踪系统在整个无人驾驶架构中的地位和作用。

二、PID 控制介绍

路径跟踪系统不仅是无人驾驶技术的核心组件，也是保证车辆自主、安全行驶的基础。通过不断优化和创新，路径跟踪系统将在未来的无人驾驶技术中发挥更加重要的作用。

PID 控制算法是闭环控制算法中最简单的一种，可有效地纠正被控制对象的偏差，使其达到一个稳定的状态。图 5-3-1 所示为 PID 控制系统原理，在 PID 控制算法中 P 代表比例（proportional）环节，I 代表积分（integral）环节，D 代表微分（differential）环节。

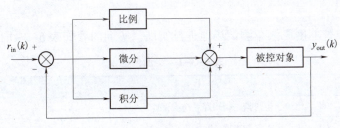

图 5-3-1　PID 控制系统原理

从图 5-3-1 中可以看到 PID 是一种线性控制器，它根据给定值 $r_{in}(k)$ 与实际输出值

$y_{out}(k)$ 构成控制方案，通过不断减小作用于被控对象的误差实现控制量不断趋近给定值。

比例环节成比例地反映控制系统的偏差信号 $e(t)$，偏差一旦产生，控制器立即产生控制作用，以减小偏差。但是其不能彻底消除偏差。比例系数在合理的数值范围内，取值越大，控制作用越强，系统响应越快。但是取值过大，会使系统产生较大的超调和振荡。比例环节的计算公式如下。

$$u_1(t) = k_p e(t) \tag{5-4}$$

在积分时间足够的情况下，积分控制能完全消除误差，使系统误差为 0。但是积分作用太强会使系统超调加大，甚至使系统出现振荡。积分环节的计算公式如下。

$$u_2(t) = k_i \int_0^t e(t)\,dt \tag{5-5}$$

积分控制作用的引入虽然可以消除静差，但是降低了系统的响应速度，特别是对于具有较大惯性的被控对象，用比例积分控制器很难得到好的动态调节品质，系统会产生较大的超调和振荡，这时可引入微分环节。

微分环节的作用能够反映偏差信号的变化趋势（变化速率），当偏差信号变得太大时，在系统中引入一个有效修正信号，从而加快系统的动作速度，减少调节时间。微分环节的计算公式如下。

$$u_3(t) = k_d \frac{de(t)}{dt} \tag{5-6}$$

将三个环节线性叠加，可以得出 PID 的控制规律公式，即

$$u(t) = k_p \left(e(t) + \frac{1}{T_1} \int_0^t e(t)\,dt + T_D \frac{de(t)}{dt} \right) \tag{5-7}$$

式中，T_1 为积分时间常数；T_0 为微分时间常数。

任务实施

实训　单车无人驾驶

一、任务准备

1. 场地设施
无人小车。

2. 学生组织
分组进行，在智能网联汽车测试场地进行实训。实训内容如表 5-3-1 所示。

表 5-3-1　实训内容

时间	任务	操作对象
0~10 min	组织学生讨论路径跟踪系统实例应用	教师
11~30 min	单车无人驾驶实操	学生
31~40 min	教师点评和讨论	教师

二、任务实施

1. 开展实训任务

1）检查路网

打开 home 文件中的路网文件夹，根据要演示的场地，选取路网。复制 seg 文件夹下的 xml 文件（每一个单独的 seg 为一组路网）。分别把复制的 xml 文件替换/home/bit3/xml_director/changsha 目录和/home/bit3/mutl_agent_cmd/roadnet 目录下的 xml 文件（先清空原来的，然后把当前的路网粘贴进去）。

2）检查无人驾驶模式

打开 $ HOME/autonomous/config/msg_converter. yaml，核实部分配置如下。

```
## to local path proto
path_plan_to_local_path: true
local_roadnet_to_local_path: false
## copycat path to ...
copycat_to_local_path: false
copycat_to_topology_global_path: false
```

3）启动无人驾驶模块脚本

进入桌面，打开终端，在终端输入指令：bash start_20230413. sh，弹出窗口后进行下一步操作。

4）无人驾驶任务下发

任务类型分为两种，下面将分两个部分进行介绍。

（1）使用路网模式。

①绑定 IP，滚动鼠标滚轮，放大右侧地图，直至分辨率到最大，此时在右侧地图中可以看到代表当前位置的红色箭头。如果不绑定 IP，以下操作都不能进行。

②任务类型选择"使用路网"单选按钮。

③巡逻模式根据演示内容进行选择。

④单击"加载路网"按钮。

⑤单击"制作任务点"按钮。

⑥在红色箭头（代表当前位置）前方单击选点，第一个点的位置距离箭头大概两个光标的距离，然后在整个路网上选取 5~6 个点，如果是循环绕圈，则最后一个点在箭头后两个光标的距离。

⑦在右侧地图处右击，选择"保存"选项。

⑧单击"加载任务点"按钮。

⑨单击"任务发送"按钮。

⑩此时确认遥控器为遥控状态。

⑪单击"任务启动"按钮，切换无人驾驶。

（2）禁用路网模式。

①绑定 IP，滚动鼠标滚轮，放大右侧地图，直至分辨率到最大，此时在右侧地图中可

以看到代表当前位置的红色箭头。

②任务类型选择"禁用路网"单选按钮。

③巡逻模式根据演示内容进行选择。

④单击"制作路径"按钮。

⑤在红色箭头（代表当前位置）前方单击选点，第一个点的位置距离箭头大概两个光标的距离，然后其余点的间隔大概是三个光标的间隔。如果是循环绕圈，则最后一个点在箭头后两个光标的距离。

⑥在右侧地图处右击，选择"保存"选项。

⑦单击"路径加载"按钮。

⑧单击"任务发送"按钮。

⑨此时确认遥控器为遥控状态。

⑩单击"任务启动"按钮，切换无人驾驶。

2. 检查实训任务

单人实操后完成实训工单（见表5-3-2），请提交给指导教师，现场完成后教师给予点评，作为本次实训的成绩计入学时。

表5-3-2　单车无人驾驶实训工单

实训任务					
实训场地		实训学时		实训日期	
实训班级		实训组别		实训教师	
学生姓名		学生学号		学生成绩	
实训准备	实训场地准备				
	1. 正确清理实训场地杂物（□是　□否） 2. 正确检查安全情况（□是　□否）				
	防护用品准备				
	1. 正确检查并佩戴劳保手套（□是　□否） 2. 正确检查并穿戴工作服（□是　□否） 3. 正确检查并穿戴劳保鞋（□是　□否）				
	车辆、设备、工具准备				
	1. 测量设备（□是　□否） 2. 无人小车（□是　□否）				
	无人小车基本检查				
	检查直流电源电压是否正常（□是　□否）				
实训过程	操作步骤			考核要点	
	1. 检查路网 2. 检查无人驾驶模式 3. 启动无人驾驶模块脚本 4. 无人驾驶任务下发			1. 正确做完准备工作（□是　□否） 2. 正确检查路网（□是　□否） 3. 正确检查无人驾驶模式（□是　□否） 4. 正确启动无人驾驶模块脚本（□是　□否） 5. 正确下发无人驾驶任务（□是　□否）	

3. 技术参数准备

以本书为主。

4. 核心技能点准备

（1）准确、完整地分析场景要素。

（2）实训时严格按要求操作，并穿戴相应防护用品（工作服、劳保鞋、劳保手套等）。

（3）能够完成单车无人驾驶操作。

5. 作业注意事项

（1）不允许使用插线板插接随车充电设备。

（2）实训时严格按工艺要求操作，并穿戴相应防护用品（工作服、劳保鞋、劳保手套等），不准赤脚或穿拖鞋、高跟鞋和裙子作业，留长发者要戴工作帽。

任务评价

任务完成后填写任务评价表5-3-3。

表5-3-3　任务评价表

序号	评分项	得分条件	分值	评分要求	得分	自评	互评	师评
1	安全/7S/态度	作业安全、作业区7S、个人工作态度	15	未完成1项扣1~3分，扣分不得超15分		□熟练 □不熟练	□熟练 □不熟练	□合格 □不合格
2	专业技能能力	正确检查路网	5	未完成1项扣1~5分，扣分不得超45分		□熟练 □不熟练	□熟练 □不熟练	□合格 □不合格
		正确启动无人驾驶模块脚本	10					
		正确使用路网模式下发无人驾驶任务	15					
		正确使用禁用路网模式下发无人驾驶任务	15					
3	工具及设备使用能力	无人小车	10	未完成1项扣1~5分，扣分不得超10分		□熟练 □不熟练	□熟练 □不熟练	□合格 □不合格
4	资料、信息查询能力	其他资料信息检索与查询能力	10	未完成1项扣1~5分，扣分不得超10分		□熟练 □不熟练	□熟练 □不熟练	□合格 □不合格
5	数据判断和分析能力	数据读取、分析、判断能力	10	未完成1项扣1~5分，扣分不得超10分		□熟练 □不熟练	□熟练 □不熟练	□合格 □不合格
6	表单填写与报告撰写能力	实训工单填写	10	未完成1项扣0.5~1分，扣分不得超10分		□熟练 □不熟练	□熟练 □不熟练	□合格 □不合格
总分：								

 **试题训练**

一、判断题

1. PID 控制算法可有效地纠正被控制对象的偏差，使其达到一个稳定的状态。（　　）

2. 比例系数在合理的数值范围内，取值越大，控制作用越弱。（　　）

3. 在积分时间足够的情况下，积分控制能完全消除误差，使系统误差为 0。（　　）

4. 微分环节的作用不能反映偏差信号的变化趋势（变化速率）。（　　）

5. 路径跟踪系统主要用于控制车辆的速度，而不是转向控制。（　　）

二、选择题

1. 在无人驾驶系统中，路径跟踪系统主要依赖（　　）技术来计算车辆的行驶路径。

A. GPS　　　　　　　　B. 激光雷达　　　　　C. 路径规划　　　　　D. 图像处理

2. 以下（　　）算法常用于路径跟踪系统。

A. PID 控制　　　　　　　　　　　　B. 模型预测控制

C. 滑模控制　　　　　　　　　　　　D. 遗传

3. 在路径跟踪过程中，系统根据传感器的数据来调整车辆的（　　）。

A. 电动机功率　　　　　　　　　　　B. 方向盘转角和车速

C. 车内空调系统　　　　　　　　　　D. 制动踏板系统

4. Waymo 的自动驾驶车辆在（　　）环境中展示了路径跟踪技术的优越性。

A. 沙漠　　　　　　　　　　　　　　B. 高速公路

C. 城市和郊区　　　　　　　　　　　D. 机场

5. 路径跟踪系统通常与（　　）子系统密切配合。

A. 空调　　　　　　　　B. 感知　　　　　　　C. 燃油管理　　　　　D. 媒体播放

三、简答题

简述路径跟踪系统与决策系统在无人驾驶中的关系。

项目六　自适应巡航控制系统

工作情境描述

　　一辆配备了自适应巡航控制（adaptive cruise control，ACC）系统的汽车正在高速公路上行驶，前方车辆变道减速，ACC 系统立即感知这一变化，并迅速调整安全跟车距离。ACC 系统通过车载雷达和摄像头等传感器实时监测车辆周围的情况，并根据车速和与前车的距离自动调整车速以保持安全跟车距离。

　　本项目主要介绍 ACC 系统原理和技术架构、ACC 系统模块和 ACC 系统组成。通过本项目的学习，学生将全面掌握 ACC 系统的结构原理、熟悉 ACC 系统台架操作方法、熟悉 ACC 系统启动方法和判定规则，为今后进行 ACC 系统检测与维修提供有力支撑。

学习任务一　自适应巡航控制系统认知

任务描述

一辆配备了 ACC 系统的智能网联汽车，能够对前方路况做出相应的反应，例如前方汽车突然转向或刹车等突发状况时，ACC 系统会迅速感知这些变化，并采取适当的措施以确保安全。

ACC 系统涉及技术较多，在本任务中，学生将会学习到 ACC 系统的发展历史以及涉及的关键技术，并使用先进辅助驾驶功能研发平台实操 ACC 系统工作过程。

在学习完知识准备以及实操过后，学生对 ACC 系统有初步认识，能够说出对 ACC 系统的功能和工作原理的理解。

任务目标

知识目标

1. 了解 ACC 系统的发展和前景。

2. 了解 ACC 系统的关键技术相关知识。

3. 掌握 ACC 系统的工作原理和基本组成。

技能目标

掌握先进辅助驾驶功能研发平台中 ACC 系统的操作方法。

素质目标

1. 规范课堂 7S 管理。

2. 提升团队协作素养。

3. 养成独立思考问题、主动开展工作的习惯。

4. 形成规范、安全作业的职业操守。

任务导入

我国每年交通事故造成的伤亡人数超过 10 万人，其中大部分是由驾驶员人为原因引起的，如疲劳驾驶、酒驾和误操作等。为了解决这些问题，汽车安全技术尤为重要。汽车安全技术分为被动安全技术和主动安全技术。从 20 世纪 80 年代出现的安全气囊、安全带等被动安全技术，到 20 世纪 90 年代出现的 ABS 和电子稳定性控制（electronic stability control，ESC）系统等主动安全技术，都在一定程度上保障了道路交通安全。

进入 21 世纪，汽车主动安全技术得到了更多的重视和发展，从预警系统、独立控制系统到智能驾驶辅助系统，再到无人驾驶技术。发展无人驾驶技术使其成为预防交通事故的新一代前沿技术。

在汽车主动安全技术中，ACC 系统是一项重要的 ADAS。ACC 技术可以根据车辆周围的交通情况自动调整车速，以保持与前车的安全距离，从而有效地避免了碰撞事故的发生。

ACC 技术的发展趋势十分引人注目，作为汽车主动安全技术的一部分，ACC 不断进行创新和改进，以应对日益复杂的道路环境和交通状况。从传统的 ACC 系统到智能化的自动驾驶技术，ACC 在提高驾驶安全性和舒适性方面发挥着越来越重要的作用。

知识准备

一、引言

智能汽车 ACC 在巡航控制系统（cruise control，CC）基础上发展而来，是能够使车辆在道路上实现纵向控制的部分自动化的一种 ADAS，该系统无须驾驶员操控，可按照设定的车速行驶或按照设定的距离跟随前方车辆行驶，从而减少了驾驶员的工作量，提高了驾驶的舒适性。

在汽车行驶过程中，搭载 ACC 系统的汽车通过距离传感器感知前方道路情况，同时结合轮速传感器等收集本车的行驶状态信息，在发动机或电动机、变速箱和制动系统的共同作用下，调节本车行驶车速，以使本车与前方车辆始终保持设定的距离行驶，避免追尾事故发生，同时提高道路通行效率，如图 6-1-1 所示。如果本车前方没有车辆，则按设定的车速巡航行驶。

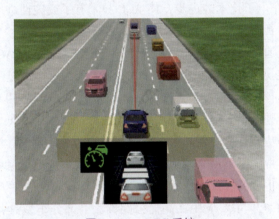

图 6-1-1　ACC 系统

二、发展

ACC 相关概念的提出源于美国密西根大学 Diamond 和 Lawrence 于 20 世纪 60 年代开展的关于自动控制的高速公路系统（ACHS）的研究。他们设想通过控制行驶车辆的车速、车距以及转向等来缓解日益严重的交通堵塞问题，使汽车在道路上安全且快速通行，这与ACC 功能几乎相同。

与 ACC 研究最接近的是车辆自动跟车控制系统的开发。加利福尼亚大学伯克利分校教授 Steven E Shladover 根据车载传感器反馈信息的种类，将行车控制系统分为 13 种控制器结构。其中，ACC 的总体结构与"结构 2（structure 2）"相似，反馈信息包括相对于前车的间距和速度差。首次描述这种控制器结构的论文于 1968 年发表，是俄亥俄大学的 Fenton 小组对高速公路自动化的分析。他们提出了控制器结构必须满足用于定义 ACC 的部分功能的要求，即保持本车的稳定性和其他车辆的稳定性。在没有前车的情况下以较高的舒适性（满足调节目标的情况下较小程度地加速且无振动）进行恒定车速调节（与设定速度无明显偏差），尽量减少行驶时间以提高道路交通能力。

20 世纪 70 年代，欧洲组织了几个关于纵向控制系统的重大项目，但受限于控制、通信和传感器等的技术，早期研究只积累了理论与技术成果。20 世纪 80 年代中期—90 年代初，欧洲、美国和日本几乎同时开展了 PROMETHEUS、Mobility 2000 等交通项目，推动了系统功能性和传感器的研发，使 ACC 技术得以引入市场。

1992 年，三菱率先在日本市场推出了基于激光雷达的距离检测系统 Debonair。1995 年，三菱在 Diamante 品牌上推出激光测距自适应巡航系统。1996 年，丰田推出了装备 Denso 激光雷达的 ACC 系统，激光雷达传感器虽然成本低，但没有考虑制动干扰且无法抵御天气影响。考虑到高速公路较高的通行速度、制动干扰和恶劣的天气，1999 年德国梅赛德斯-奔驰引入第一款基于毫米波雷达传感器的 Distronic ACC 系统。随后，捷豹在 XK 车型上装备了 DELPHI 毫米波雷达传感器。2000 年，宝马在欧洲推出了基于 BOSCH 毫米波雷达的"主动巡航系统"的 BMW 7 系车型。除此之外，斯巴鲁于 1999 年在日本市场推出了世界上第一款装备基于相机的 ACC 系统的车型 Legacy Lancaster。

进入 21 世纪，汽车电子技术的进步，使 ACC 技术有了突破性进展，先后产生了基于毫米波雷达传感器、单目视觉系统以及综合多种传感器的 ACC 系统。汽车行业的知名企业，如福特、梅赛德斯、凯迪拉克、丰田和奥迪等，纷纷推出了装备有 ACC 系统的中高端车型。

ACC 系统的发展经历了四代（见图 6-1-2）。第一代为定速巡航系统，人为设定希望车速，使车辆以固定车速行驶；第二代为普通自适应巡航系统，具备跟车功能，在设定跟车时距后，系统自动调节行驶状态，但车速应用一般为 30 km/h 以上，低于应用车速会停止巡航功能；第三代为带跟停功能自适应巡航系统，应用速度为全速范围，当跟车至停止后，系统停用，踩下油门踏板，再次跟车；第四代为带排队功能自适应巡航系统，在第三代功能基础上，能够在前车短暂停止后仍保持工作状态，自动跟车。目前，量产车装配的汽车巡航控制系统多为第三代 ACC 系统，主要应用在高速公路驾驶，部分车型具备第四代功能，如最新款全系梅赛德斯-奔驰轿车的智能驾驶辅助系统能够让车辆在停车后 30 s 内重新启动，最新款全系宝马轿车的城市巡航控制（urban cruise control）系统在原有基础上能够识别城镇中的交通信号灯，实现汽车起停。

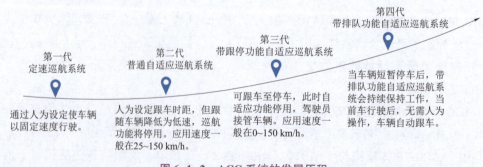

图 6-1-2　ACC 系统的发展历程

三、ACC 系统研究技术介绍

ACC 系统结合了雷达传感器、激光雷达、摄像头、计算机算法和车辆控制系统等关键技术，能够实现车辆的自动巡航，提高驾驶的舒适性和安全性。常用的 ACC 技术有环境感知、驾驶员跟车特性、车辆动力学和 ACC 算法。

1. 环境感知

ACC 系统的环境感知可以通过多种传感器实现，包括毫米波雷达、激光雷达和视觉摄像头。表 6-1-1 所示为这些传感器的比较。

表 6-1-1　常用 ACC 环境感知传感器的比较

ACC 传感器	探测范围/m	优点	缺点
毫米波雷达（77 GHz/24 GHz）	200(77 GHz)，20(24 GHz)	性能稳定，不受天气影响；探测距离远（77 GHz）；探测距离适用于近距离探测（24 GHz）；多目标跟踪能力强	图形识别受限；无法识别静止物体（77 GHz）；低探测距离（24 GHz）
激光雷达	360°扫描最远达到 150	方向性强，波束窄，识别能力和侧向探测能力强；扫描范围更大	环境适应性较差；探测距离有限，不能直接获取车速
视觉摄像头（立体/单目）	40 ~ 50（立体），150 ~ 200（单目）	获取更多环境信息；识别静止物体	信息处理需要时间；恶劣天气时精度大大降低

目前，环境感知研究的热点主要包括雷达与机器视觉融合、弯道工况前车跟踪和前方多车辆复杂行车环境目标选择及跟踪等。一些文献研究了车载雷达对前方目标车辆的探测和追踪，并利用卡尔曼滤波进行目标的有效性检验。此外，为了克服雷达难以探测静止目标的限制，一些研究者提出了雷达与机器视觉融合的方法来实现前方物体识别。其他研究者还针对汽车复杂的行车环境提出了解决多车辆目标环境下的 ACC 算法，并建立了复杂交通场景的混合系统模型，以获得最优加速度。对于静止目标和复杂多变的行车环境，环境感知的可靠性和鲁棒性仍然是研究的重点。

2. 驾驶员跟车特性

驾驶员期望车距是指在跟车过程中，驾驶员希望保持的安全距离，旨在兼顾行车安全和道路交通效率。研究者们提出了多种期望车距模型，其中包括基于制动过程运动学分析和车间时距的模型。车间时距模型根据是否可变分为固定和可变两种类型，可变车间时距模型通常考虑本车车速和相对车速的影响。期望车距模型可分为线性和非线性两种形式，其中非线性模型更准确地反映了驾驶员的跟车期望，如二次型期望车距模型。由于驾驶员的多样性和复杂性，因此非线性期望车距模型能更好地满足不同驾驶员的需求，体现了驾驶员的跟车期望。

常见的期望距离模型有以下三种。

（1）基于制动过程运动学分析的表达式，即

$$D_{\mathrm{s,brk}} = v_{\mathrm{f}} t_{\mathrm{d}} + \frac{v_{\mathrm{f}}^2}{2 a_{\mathrm{fmax}}} + d_0 \tag{6-1}$$

式中，$D_{\mathrm{s,brk}}$ 为基于制动过程的期望距离；v_{f} 为本车速度；t_{d} 为驾驶员和制动系统的延迟时间；a_{fmax} 为本车最大制动减速度；d_0 为本车停止后与前车的距离。

（2）基于车间时距的表达式，即

$$D_{\mathrm{s,h}} = v_{\mathrm{f}} t_{\mathrm{h}} + d_0 \tag{6-2}$$

式中，$D_{\mathrm{s,h}}$ 为基于车间时距的期望距离；t_{h} 为车间时距。

（3）驾驶员预瞄安全车距表达式，即

$$D_{\mathrm{s,pre}} = v_{\mathrm{rel}} t_{\mathrm{g}} - \frac{a_{\mathrm{p}} t_{\mathrm{g}}^2}{2} + X_{\mathrm{lim}} \tag{6-3}$$

式中，$D_{\mathrm{s,pre}}$ 为驾驶员预瞄安全车距；v_{rel} 为相对车速；t_{g} 为预瞄时间；a_{p} 为前车加速度；X_{lim} 为驾驶员主观感觉的界限车间距离。

驾驶员跟车特性涉及动态跟车过程中驾驶员采用的加速度与车间状态和车辆状态的关系。这反映了驾驶员调整车辆运动轨迹的操作习惯，并在一定程度上反映了驾驶员对于期望车距的需求。驾驶员跟车特性的研究包括建立不同模型来描述驾驶员的跟车行为，考虑驾驶员对于车辆安全跟车状态的期望模式以及个体特征，如年龄、性别、心理状况和驾驶经验对跟车行为的影响。同时，不同驾驶场景下的驾驶员跟车特性也可能表现出不同的模式，需要综合考虑车辆行驶状态的变化和驾驶员的个体差异。

ACC 系统的有效性直接取决于其与驾驶员跟车特征的契合度。驾驶员期望车距特性和动态跟车特性是 ACC 系统与驾驶员行为相关的两个重要方面。这些特性的相互匹配程度，将直接决定驾驶员在车内的驾驶感受和控制车辆体验。ACC 系统需要能够准确地反映驾驶员的期望车距，并根据实时的交通状况进行动态的跟车控制。提高这些特性的相互匹配程度，将会显著提升驾驶员对 ACC 系统的信任度，从而获得更好的整体驾驶体验。

3. 车辆动力学

车辆动力学研究车辆在行驶过程中的运动规律和动力学特性，包括建立车辆纵向动力学模型，考虑车辆的加速度、速度和位置等因素，并研究车辆的动力学行为，如加速、制动、转弯等。

车辆动力学模型分为复杂模型和简单模型，根据用途可分为仿真验证和控制器设计模型。建立车辆模型时需考虑车辆特性和实际应用环境，常采用数学方法和实验数据相结合的方式。逆模型方法被认为是解决车辆纵向非线性问题的有效手段，但建立这种模型存在挑战。建立车辆模型的最终目标是建立集成式的纵向跟车模型，以支持后续的控制器设计和车辆运动规划。

4. ACC 算法

ACC 算法是一种用于汽车的智能驾驶辅助系统，旨在通过自动调整车辆的速度和距离以维持与前车的安全跟随。ACC 算法可以分为速度控制和距离控制两种模式，能够应对不同的行车情况，如前车急减速或急加速等。常见的 ACC 算法包括 PID 控制、最优控制、滑模变结构控制、模糊逻辑与神经网络控制，以及模型预测控制算法等。这些算法通过分层控制结构，在上层描述驾驶员跟车特性，在下层根据上层输出实现车辆跟随的实际加速度，从而获得安全、舒适和具有燃油经济性的 ACC 功能。ACC 算法的应用使汽车在高速公路等道路上能够更智能地进行跟车行驶，提高了驾驶的便利性和安全性。

 任务实施

实训　ACC 系统

一、任务准备

1. 场地设施

先进辅助驾驶功能研发平台，直流稳压电源，万用表。

2. 学生组织

分组进行，在智能网联汽车测试场地进行实训。实训内容如表 6-1-2 所示。

表 6-1-2　实训内容

时间	任务	操作对象
0～10 min	组织学生讨论智能网联汽车硬件架构	教师
11～30 min	ACC 系统实操	学生
31～40 min	教师点评和讨论	教师

二、任务实施

自适应巡航控制系统

1. 开展实训任务

1）开机操作

（1）连接 220 V 系统电源线，此时台架高压系统上电，操作面板上中控屏开机（见图 6-1-3）。

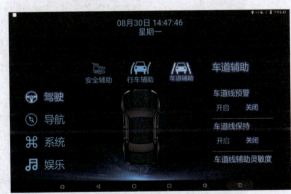

图 6-1-3　系统电源开关及中控屏开机界面

（2）操作遥控器（见图 6-1-4）打开显示器，显示器启动主页面后进行下一步操作。

（3）连接 220 V 计算平台电源线，此时计算平台上电自启动，几秒后显示器弹出信号源选择（见图 6-1-5），选择信号源 HDMI1 进入 Ubuntu 系统。

图 6-1-4　遥控器

图 6-1-5　显示器

（4）选择用户名 bit，输入密码 123456wh，按 Enter 键，正常打开操作系统（见图 6-1-6）。

图 6-1-6　登录界面

（5）打开操作面板上的电源总开关（顺时针旋转），打开点火开关（见图 6-1-7），此时台架低压系统上电。

图 6-1-7　电动总开关和点火开关

（6）在工控机主界面的右上角，可以查看或设置工控机的网络连接状态，确认以太网已连接。若以太网未连接或需要设置工控机的网络连接，可以在网络设置上选择 IPv4，将 IP 地址设置为"192.168.0.55""255.255.255.0"，单击"应用"按钮，设备即可进入网络连接状态（见图 6-1-8）。

图 6-1-8　设置 IP 示意

2）软件启动

（1）双击桌面 ADAS 图标，启动主程序（见图 6-1-9）。

图 6-1-9　ADAS 图标

（2）正常打开 ADAS 主程序，同时桌面左上角会有对应的终端窗口打开（对所有打开的终端不要进行任何修改、编辑等操作）（见图 6-1-10）。

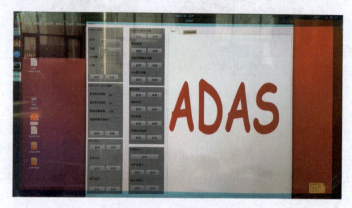

图 6-1-10　主程序界面

（3）点亮组合仪表：单击 ADAS 主程序仪表 ROS"启动"按钮（见图 6-1-11）。

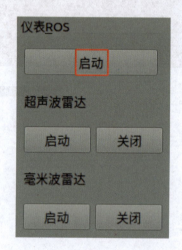

图 6-1-11　ADAS 程序启动示意

（4）组合仪表点亮，组合仪表显示功能包括安全带未系报警灯、挡位显示、车速显示、电量显示、左转向指示灯、右转向指示灯、ACC 指示灯、FCW 指示灯、车距显示、车道线显示、蜂鸣器警报等（见图 6-1-12）。

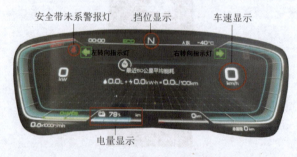

图 6-1-12　组合仪表界面

（5）组合仪表点亮后，未系安全带时，组合仪表内蜂鸣器会报警，提示驾驶员系上安全带。

3）演示 ACC 系统功能

（1）注意事项。

①功能启动前，操作面板上的挡位开关应置于 N 挡位置。

②功能开启时，方向盘会跟随系统转动，切记不要触碰方向盘。

③功能开启后，禁止踩制动踏板和油门。

④演示完毕后，按下操作面板上的"切换开关"3 s。

（2）操作步骤。

①在中控屏选择"驾驶"→"车道辅助"选项，在"车道线保持"选项区域，单击"开启"按钮（见图 6-1-13）。

图 6-1-13　中控屏车道线保持功能启动示意

②在 ADAS 主程序左侧菜单栏上先选择 CARLA 选项，地图选择"Town4"，车流量选择"80"（或者 60~80 任意整数），设置一定的人数，单击"启动"按钮，即可开启仿真界面（见图 6-1-14）。

图 6-1-14　CARLA 仿真界面启动示意

③启动 ACC 功能：单击 ADAS 主程 ACC LKA "启动"按钮。在仿真界面看到 Town4 地图为 ACC 功能随机分配的道路车流画面。

④功能启动后，可以在系统界面上从左至右、从上到下分别看到本车前方道路视角的实车图、传感器语义分割图、驾驶员视角实车图、俯视视角实车图，可以在仿真界面的左上角

状态栏里看到监控的数据，依次为本车的油门开度情况、方向盘转角、制动情况、车速、最大车速，前车车速、距前车距离（见图6-1-15）。

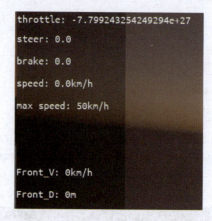

图6-1-15　CARLA仿真界面信息显示示意

⑤组合仪表中巡航指示灯点亮，显示车距信息，系统设置其实际车速为50 km/h。

⑥可以在方向盘的多功能开关上设定目标车速和跟车车距。按 RES 键为增加目标车速，按 SET 键为减小目标车速。

⑦仿真界面中，本车跟随前车的运动路径行驶，系统有时会自动调整线路（变道）。

⑧正常行驶时，如果前方没有车辆或前方车辆车速大于 50 km/h，本车会以 50 km/h（系统默认值）匀速行驶，当前方有车辆且车速低于 50 km/h 时，本车车速保持与前车车速一致。

⑨当前方车辆紧急制动时，后方车辆也紧急制动，制动时本车和前车的距离显示在状态栏内，本车车速变为 0。

⑩演示完毕后，在 ADAS 主程序界面的 ACC LKA 选项区域，单击"关闭"按钮；在 CARLA 选项区域，单击"关闭"按钮；在中控屏选择"驾驶"→"车道辅助"选项，在"车道线保持"选项区域，单击"关闭"按钮（见图6-1-16）。

图6-1-16　关闭流程示意

图 6-1-16　关闭流程示意（续）

2. 检查实训任务

单人实操后完成实训工单（见表 6-1-3），请提交给指导教师，现场完成后教师给予点评，作为本次实训的成绩计入学时。

表 6-1-3　ACC 系统实训工单

实训任务					
实训场地		实训学时		实训日期	
实训班级		实训组别		实训教师	
学生姓名		学生学号		学生成绩	
实训准备	实训场地准备				
	1. 实训台使用场地地面平整、无坡度，保持良好的通风环境（□是　□否） 2. 实训台前方保证 10 m 以上的空间，左右两侧保证 3.5 m 以上的空间（□是　□否） 3. 确定好实训台位置后，将实训台的脚轮锁死，防止滑动（□是　□否） 4. 实训台附近需配有 2 组 220 V×10 A 插座及 1 组 220 V×16 A 插座（墙插、地插或是线排），且保证额定功率大于 2.5 kW（□是　□否） 5. 直流电源 （1）连接直流电源 220 V×16 A 电源线（□是　□否） （2）将电源调整为 47~50 V，调整电流不低于 20 A（□是　□否）				
	防护用品准备				
	1. 检查并佩戴劳保手套（□是　□否） 2. 检查并穿戴工作服（□是　□否） 3. 检查并穿戴劳保鞋（□是　□否）				
	车辆、设备、工具准备				
	先进辅助驾驶功能研发平台（□是　□否）				

	操作步骤	考核要点
实训过程	1. 检查实训准备 2. 开机修改 IP 3. 启动软件 4. 演示 ACC 系统 5. 说出对 ACC 系统的功能、工作原理的理解	1. 正确检查实训准备（□是　□否） 2. 正确开机修改 IP（☑是　□否） 3. 正确启动软件（□是　□否） 4. 正确演示 ACC 系统（□是　□否） 5. 正确说出对 ACC 系统的功能、工作原理的理解（□是　□否）

3. 技术参数准备

以本书为主。

4. 核心技能点准备

（1）准确、完整地分析场景要素。

（2）实训时严格按要求操作，并穿戴相应防护用品（工作服、劳保鞋、劳保手套等）。

（3）可以启动演示 ACC 程序。

5. 作业注意事项

（1）配电的线排（墙插或地插）保证功率大于 2.5 kW。

（2）真实场景摄像头已经标定好，禁止拆卸或掰动。

（3）每个功能测试完成后，需将其完全关闭，方可测试下一个功能。

（4）每次真实场景与仿真场景切换时，需按下操作面板上的"切换开关" 3 s，然后松开。

（5）如操作时遇到紧急情况，请及时关闭操作面板上的电源总开关（逆时针旋转）。

（6）实训台通电后，如果周围 0.7 m 范围内有障碍物，则系统会持续报警，此时可以先把超声波雷达功能开启。

（7）禁止私自改动实训台线路。

（8）计算平台操作系统及中控操作系统提示升级时，一律取消操作，禁止升级。

（9）计算平台操作系统及中控操作系统内所有文件禁止私自编辑及删除。

（10）实训台不使用后，将鼠标开关拨到"OFF"位置，延长电池寿命。

（11）实训时要严格按照操作手册步骤执行。

任务评价

任务完成后填写任务评价表 6-1-4。

表 6-1-4　任务评价表

序号	评分项	得分条件	分值	评分要求	得分	自评	互评	师评
1	安全/7S/态度	作业安全、作业区 7S、个人工作态度	15	未完成 1 项扣 1~3 分，扣分不得超 15 分		□熟练 □不熟练	□熟练 □不熟练	□合格 □不合格

续表

序号	评分项	得分条件	分值	评分要求	得分	自评	互评	师评
2	专业技能能力	正确穿戴个人防护用品	5	未完成 1 项扣 1~5 分，扣分不得超 35 分		□熟练 □不熟练	□熟练 □不熟练	□合格 □不合格
		正确做完准备工作	10					
		正确启动设备并修改 IP	10					
		正确启动 ACC 程序	10					
3	工具及设备使用能力	先进辅助驾驶功能研发平台	10	未完成 1 项扣 1~5 分，扣分不得超 10 分		□熟练 □不熟练	□熟练 □不熟练	□合格 □不合格
4	资料、信息查询能力	其他资料信息检索与查询能力	10	未完成 1 项扣 1~5 分，扣分不得超 10 分		□熟练 □不熟练	□熟练 □不熟练	□合格 □不合格
5	知识分析应用能力	说出对 ACC 系统的功能、工作原理的理解	20	未完成 1 项扣 1~5 分，扣分不得超 20 分		□熟练 □不熟练	□熟练 □不熟练	□合格 □不合格
6	表单填写与报告撰写能力	实训工单填写	10	未完成 1 项扣 0.5~1 分，扣分不得超 10 分		□熟练 □不熟练	□熟练 □不熟练	□合格 □不合格

总分：

试题训练

一、判断题

1. ACC 系统结合了雷达传感器、激光雷达、摄像头、计算机算法和车辆控制系统等关键技术，能够实现车辆的自动巡航，提高驾驶的舒适性和安全性。（　　）

2. 车辆动力学研究车辆在行驶过程中的运动规律和动力学特性。（　　）

3. ACC 算法的应用使汽车在高速公路等道路上能够更智能地进行跟车行驶，提高了驾驶的便利性和安全性。（　　）

4. 驾驶员期望车距是指在跟车过程中，驾驶员希望保持的安全距离，只考虑行车安全。（　　）

5. ACC 算法可以分为速度控制和距离控制两种模式，能够应对不同的行车情况，如前车急减速、前车急加速等。（　　）

二、选择题

1. （　　）方向性强，波束窄，识别能力和侧向探测能力强。

A. 毫米波雷达（77 GHz） B. 毫米波雷达（22 GHz）

C. 激光雷达 D. 视觉摄像头

2. （　　）涉及动态跟车过程中驾驶员采用的加速度与车间状态和车辆状态的关系。

A. 环境感知 B. 驾驶员跟车特性

C. 车辆动力学 D. PID 控制算法

3. ACC 的发展经历了四代，（　　）主要应用在高速公路驾驶。

A. 第一代   B. 第二代   C. 第三代   D. 第四代

4.（　　）不是常见的期望距离模型。

A. 基于制动过程运动学   B. 基于车间时距

C. 基于期望速度   D. 驾驶员预瞄安全车距

5.（　　）不是 ACC 算法。

A. PID 控制算法   B. A*算法

C. 最优控制算法   D. 滑模变结构控制算法

三、简答题

ACC 算法常用技术有哪些？它们的作用是什么？

学习任务二　自适应巡航控制系统模块认知

任务描述

在本项目任务一的学习过程中，我们了解了 ACC 系统的原理及其相关的关键技术。ACC 功能的实现并不仅仅依赖于单一的组件，而是通过多个复杂的系统单元协同工作完成的。

ACC 系统通常由信息感知单元、控制单元、执行单元、人机交互界面这几个大模块组成。在本任务中，将学习各单元组成、功能作用以及部分实现方法。

在学习完知识准备以及实操过后，对 ACC 系统各模块有了初步认识，你知道 ACC 系统模块的组成以及各部分的功能是什么？

任务目标

知识目标

1. 掌握 ACC 系统的单元组成。

2. 熟悉 ACC 系统常用传感器及其特性。

3. 了解 ACC 系统人机交互界面常用功能。

4. 掌握 ACC 系统目标识别常用方法。

技能目标

掌握 ACC 系统毫米波雷达数据读取方法。

素质目标

1. 规范课堂 7S 管理。

2. 提升团队协作素养。

3. 养成独立思考问题、主动开展工作的习惯。

4. 形成规范、安全作业的职业操守。

任务导入

ACC 系统的结构是其设计和功能实现的基础。在构建系统结构时，需要考虑各个组成部分之间的关系和相互作用。ACC 系统由信息感知单元、控制单元、执行单元、人机交互界面这几个大模块组成。信息感知单元包括雷达和摄像头等传感器，用于检测前方车辆的距离、速度和方向。控制单元包括电子控制单元（electronic control unit，ECU）和电子稳定程序，ECU 负责处理传感器提供的数据，并根据预设的算法进行速度控制决策；电子稳定程序提供制动减速度，协助 ACC 系统实现车辆速度的调节和控制。人机交互界面用于驾驶员与车辆信息的交互，通常在车辆的仪表盘上或者中控屏上显示 ACC 系统的状态和设置。执行单元有模块电子节气门和变速箱挡位（transmission-shift）两部分，电子节气门负责调节车辆的加速和减速，ACC 系统通过 PID 控制来调节脉冲宽度调制波占空比，从而控制电子节气门的开度；变速箱挡位控制车辆的前进挡或后退挡，在 ACC 系统中可能会根据驾驶模式或情况进行相应的变速箱挡位调整。

知识准备

一、总体结构

汽车 ACC 系统主要由信息感知单元、控制单元、执行单元和人机交互界面组成，其总体结构如图 6-2-1 所示。

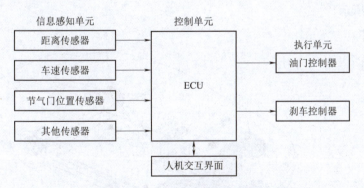

图 6-2-1　ACC 系统的总体结构

1. 信息感知单元

信息感知单元通过车载传感器收集前方道路情况、本车行驶参数以及驾驶员的命令，通过 CAN 总线向 ECU 传输相关信息。车载传感器包括距离传感器、车速传感器以及节气门位置传感器等。距离传感器通常安装在汽车的前部，获取车辆前方道路信息；车速传感器主要安装在汽车减速器输出轴上，以获得车速信息；节气门位置传感器安装在节气门轴上，用于获取节气门开度信息。

2. 控制单元

控制单元的 ECU 处理来自信息感知单元的信息和人机交互界面的驾驶员指令，然后输出到执行单元执行并反馈给人机交互界面。当本车与前车的距离大于或小于设置的最佳安全距离时，ECU 计算实际车距和相对速度的大小，通过调节发动机（或电动机）、变速箱、制动系统，使车距保持在设定值。

3. 执行单元

执行单元包括发动机（或电动机）控制器、制动系统控制器和变速箱控制器。发动机（或电动机）控制器可以改变发动机（或电动机）的输出动力，使车辆加速或减速；制动系统控制器用于前方出现紧急情况时的制动；变速箱控制器可调节变速箱的当前挡位，改变车速及扭矩。

4. 人机交互界面

人机交互界面可以设定巡航车速、与前车距离以及显示相关信息等。当驾驶员想打开 ACC 时，需调整车速至所需速度，然后按"设置"按钮；如果想提高或降低速度可以按"+"和"-"按钮；最后，驾驶员可以设置与前车保持的距离，一些汽车制造商会在两个车辆图标之间显示带有 1、2 或 3 个距离条的图标。仪表盘或抬头显示器中会显示汽车图标和道路，当测距传感器检测到前方有汽车时，会出现第二个汽车图标或者汽车图标变换颜色。

在实际汽车中，组合式距离传感器和 ACC 控制器往往集成安装在汽车的前部。人机交互界面包括 ACC 系统与驾驶员的所有接口：操作开关、显示屏和踏板（加速、制动）。ACC 系统中的执行器通过 CAN 总线发送车速控制指令给发动机（或电动机）控制器、制动系统控制器和变速箱控制器，由相应的控制器执行指令实现车速的调节。ACC 系统组件如图 6-2-2 所示。

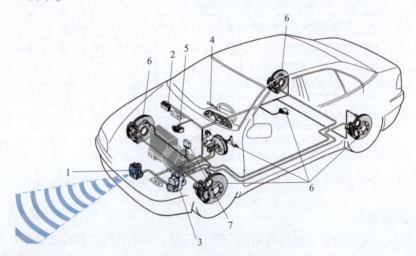

图 6-2-2　ACC 系统组件

1—测距传感器和控制器；2—ECU 箱；3—制动系统控制器；4—人机交互界面；5—发动机控制器；
6—轮速传感器；7—变速箱控制器

二、传感器

车距传感器是 ACC 系统的关键部件，其功能是向 ACC 控制器提供本车与前车的相对距离和相对车速信息。车距传感器目前有两种主要类型，使用毫米波雷达传感器和视觉传感器，这两种传感器可以独立使用也可以融合使用以增强车距检测的鲁棒性。基于毫米波雷达传感器的 ACC 系统使用一个或多个雷达传感器，能够在恶劣天气条件下工作，并且无论反射率如何，通常能跟踪其他车辆，毫米波雷达测距的原理有两种。一种技术是脉冲多普勒原理，发射器会短时间间隔运行，称为脉冲重复间隔（pulse repetition interval, PRI），然后系统切换到接收模式，直到下一个脉冲发射。当脉冲返回时，对反射脉冲进行相干处理，以测量前方物体的距离和速度。另一种技术是使用 FMCW，这种技术使用连续的载波频率，该频率会随着接收器的不断工作而随时间变化。由于反射波频率与出射波频率变化规律相同，因此利用时间差可计算出目标距离。目前，ACC 系统主要采用美安（Autoliv）、博世（Bosch）、大陆（Continental）和德尔福（Delphi）等公司生产的毫米波雷达。例如，博世的雷达传感器主要包括一系列中距雷达（MRR）传感器和长距传感器 LRR4。LRR4 是具有 6 条固定波束的单静态多模雷达，使用 76~77 GHz 频段，集成恩智浦（NXP）和意法半导体（ST）的微型控制器以及博世的电源管理芯片，中央的 4 条波束可以创建聚焦光束，水平视野为±6°，以高速度记录车辆的周围环境，提供出色的远距离检测（最远 250 m），并且相邻车道的交通干扰很小。在近距离范围内，LRR4 的外部两条波束可将视野扩大到±20°（最远 5 m），从而可以快速检测进入或离开本车所在车道的车辆。

MRR 是具有 4 个独立接收通道和数字波束形成（digital beam-forming, DBF）的双静态多模雷达，传感器结构同远程雷达（long range radar, LRR）类似，水平视野为±6°，最远能对 160 m 的前方车辆做出反应。由于采用仰角天线结构，该系统在近距离时实现了±42°的水平视野，因此可以在早期检测到行人，如图 6-2-3 所示。

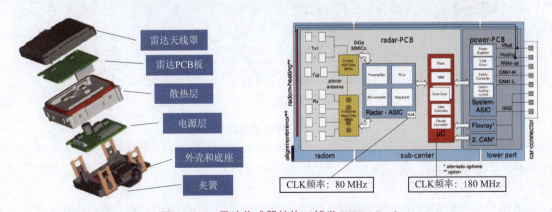

图 6-2-3　雷达传感器结构（博世 MRR1Crn）

LRR 和 MRR 均使用仰角天线结构，可以生成附加的向上仰角波束。该附加光束使传感器能够测量检测到的物体的高度，以便准确地对相关物体进行分类，并确定车辆是否可以在其下方或上方行驶。

基于视觉传感器的 ACC 系统依靠图像识别能力与人工智能算法能够更加准确地识别物

体类别以及外形，但受限于光线影响，不太适合在雾、雪、雨等天气情况和黑夜行驶。目前，ACC 系统的视觉传感器分为单目、双目及多目摄像头。单目摄像头通过构建光学几何模型（小孔成像），依据相似原理估测前方物体的距离，代表产品为 Mobileye 的 EyeQ 设备；双目摄像头利用三角测量原理计算距离，代表产品为斯巴鲁汽车的 Eyesight 系统；多目摄像头则通过不同摄像头覆盖不同范围以提高测量范围和精度。目前，Mobileye 的 EyeQ 系列视觉传感器在 ADAS 中大量应用。Mobileye 的 EyeQ 系列视觉传感器是单目摄像头，主要由专用视觉处理芯片 EyeQ、光学镜头以及传感器等组成，其能够监测车辆前方道路环境的变化，可靠地检测车辆前方的车辆、行人等物体。Mobileye 的 EyeQ 系列视觉传感器的水平视野为 ±52°，垂直视野为 43.4°，检测范围可达 150 m。依靠 EyeQ 专用的视觉计算核心和通用的多线程 CPU 内核，Mobileye 的 EyeQ 系列视觉传感器可以准确识别物体类别（如车辆、行人和道路标记等）、典型外观和距离、跟踪关联像素的运动以及区分道路表面，保证车辆在不同路况的安全行驶。

毫米波雷达和视觉传感器具有不同的特点，毫米波雷达具有较高的测距和测速精度，测量范围高达 200 m 以上，但无法获得物体的类型和外形等信息。而视觉传感器能够获得物体的类型和外形等信息，但测距和测速精度不高。因此，越来越多的汽车制造商开始采用融合毫米波雷达和视觉传感器的方案（不同传感器的探测范围见图 6-2-4），以实现两种传感器检测结果的互相补充，从而提高检测的鲁棒性。

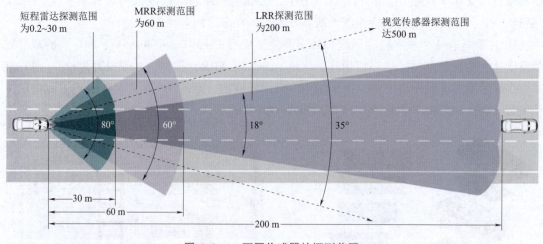

图 6-2-4　不同传感器的探测范围

三、人机交互界面

人机交互界面可以设定巡航车速、与前车距离以及显示相关信息等。驾驶员通过人机交互界面启动、操作与监督 ACC 系统的执行，必要时还可以干预或关闭 ACC 系统。

ACC 系统的人机交互界面分为操作与显示两个单元。ACC 系统人机交互界面的操作单元类似传统巡航控制系统的开关，用于开启或关闭系统以及设置和恢复巡航速度，此外，ACC 系统还可设置跟车距离。在系统运行时，驾驶员可以通过踩制动踏板关闭 ACC 系统或踩加速踏板增加发动机功率干预系统。

　　显示单元显示的信息包括设定的速度（因为驾驶员在拥堵路段较长时间的慢速行驶后可能会忘记设定值）、设定的跟车距离、实际的 ACC 模式（即系统是否遵循设定参数运行）、目标物体识别以及驾驶员是否接管等。通常这些信息显示在仪表显示屏上，部分车型可显示在抬头显示屏上。

　　图 6-2-5（a）所示为梅赛德斯-奔驰 ACC 系统 Distronic Plus 的操控单元，主要有 4 个按键，集成 8 种功能。按键①为速度控制器与定速巡航的切换按键，按 1 次为速度控制，再按 1 次为定速巡航，并将当前车速设置为额定速度。按键②用于调节跟车距离，向上拨动手柄为增加跟车距离，向下拨动手柄为减小跟车距离。按键③可以调节巡航速度，向上拨动手柄为增大巡航速度，向下拨动手柄为减小巡航速度。按键②与按键③均为短动作行程改变 1 个单位数值，长动作行程改变 10 个单位数值（距离调节单位为 m，速度调节为 km/h）。按键④用于暂停和重启 ACC 程序，向下为暂停，向上为重启。图 6-2-5（b）所示为其显示单元，主要显示巡航速度、跟车距离以及前方是否有车辆。

（a）　　　　　　　　　　　　　　　　　（b）

图 6-2-5　梅赛德斯-奔驰 ACC 系统 Distronic Plus

①—速度控制器与定速巡航的切换按键；②—调节跟车距离按键；

③—调节巡航速度按键；④—暂停和重启 ACC 程序按键

（a）操控单元；（b）显示单元

　　图 6-2-6 所示为宝马 ACC 系统的操作单元和显示单元。宝马 ACC 系统的操作原理与功能同奔驰 Distronic 系统类似，但显示单元略有不同。仪表显示屏上不会长时间显示车速、距离等信息，当设置车速改变时会通过短时间的数字显示进行补充显示。系统识别到前方车辆时，会显示目标车辆图标与跟车横条，横条代表设定时距，其中，4 个横条代表最长时距，1 个横条代表最短时距。

图 6-2-6　宝马 ACC 系统的操作单元和显示单元

　　部分汽车品牌车型可以选装抬头显示器（head-up display，HUD），显示设定车速、跟车距离和目标车辆等信息，如图 6-2-7 所示。

图 6-2-7　抬头显示器中的 ACC 系统信息

四、目标识别与选择技术

ACC 系统的目标识别与选择依据环境感知技术的分类主要有 3 类：基于毫米波雷达传感器的方法、基于机器视觉的方法、基于毫米波雷达和视觉的信息融合方法。虽然基于毫米波传感器的方法应用比较广泛，但由于基于毫米波雷达和视觉的信息融合方法可以弥补一种传感器方案的缺点，因此能够更好地适应各种复杂的工况，该方法在车辆上应用将逐渐广泛。

1. 目标识别

ACC 系统的目标识别主要任务为区分前方障碍物以及跟车目标的速度、距离等参数，其探测能力的具体精度要求如下。

1）车距

根据 ISO 15622 的标准划分，ACC 系统的识别物体的最小范围 d_0 应为最小距离 $\alpha_{min} = 2$ m，时距 $\tau = 0.25$ s 和可设定最小车速 v_{low} 的乘积之间的较大值，全速自适应巡航时，$v_{low} = 0$，$d_0 = 2$ m，此时均不能测量实际车距。能够探测前车距离的最小范围 d_1 应为设定车速为最小车速 v_{low} 时的最小时距 τ_{min} 和最小车速 v_{low} 的乘积，全速自适应巡航时为 $d_1 = 4$ m；能够探测前车距离的最大范围 d_{max} 应为设定车速为最大车速 $v_{set,max}$ 时的最大时距 τ_{max} 和最大车速 $v_{set,max}$ 的乘积，如表 6-2-1、图 6-2-8 所示。车距的最大增益误差约为 5%。

表 6-2-1　ACC 系统车距范围测量要求（ISO 15622）

前方车辆所在区域	探测到目标	探测出距离	备注
$d_1 \sim d_{max}$（图 6-2-8 中区域 c）	√	√	$d_{max} = \tau_{max}(v_{set,max}) \cdot v_{set,max}$
$d_0 \sim d_1$（图 6-2-8 中区域 b）	√	×	$d_1 = \tau_{min}(v_{low}) \cdot v_{low}$
$< d_0$（图 6-2-8 中区域 a）	×	×	$d_0 = \max[2, (0.25v_{low})]$

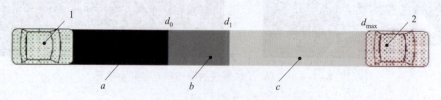

图 6-2-8　ACC 系统车距范围示意图

2）相对速度

相对速度的精确度比车距的要求更高，一般地，相对速度的相对误差最大为 5% 时对于 ACC 系统的正常运行不会造成影响。但是，识别物体的不同分类对于相对速度的精确度要求不一致，通常将静态探测时的相对误差视为最大值，再通过实际行驶速度进行修正。

3）横向探测范围

在汽车转弯时需要 ACC 系统具备一定的横向探测能力（即毫米波雷达的水平视野），否则容易在转弯时丢失跟车目标。实际情况中，雷达传感器水平视野为 16°（±8°）时可满足大部分场景使用，但在城市拥堵路段跟车行驶时（如低速密集的车流），需要纵向 10～20 m，大于 16° 的水平视野以保证车辆安全行驶。另外，当前方有汇入车辆且低速行驶时，横向探测范围应包括车前 2～4 m 且包含至少一半车道宽度的相邻车道，才能提前预警汇入车辆。目前，部分汽车品牌采用双前向雷达或雷达与视觉系统融合的解决方案。

4）纵向探测范围

由于 ACC 系统需要检测的物体（汽车、行人等）处于同一路面且不会低于传感器安装高度，因此对于纵向探测范围只需考虑坡度的变化以及上升角偏差。通常坡度变化引起的颠簸在 3°（±1.5°）以内，雷达传感器要求上升角偏差为 0 且不因方向不精确而减小可用上升角范围。

5）多目标辨别

ACC 系统识别区域内的物体可能有多种，如相关物体（前车、行人等）和无关物体（防护栏、路标以及相邻车道行车等），为了系统能够稳定运行，识别能力需通过至少一个测量参数（如车距、车速或方位角等）来满足精确分类、动态追踪这两个要求，避免重复识别对算力造成负担。

2. 目标选择

目标选择对于 ACC 系统的有效运行起着至关重要的作用，因为已识别的物体如果不能进行有效的选择，既有可能会丢失相关物体，也有可能选择了不重要的目标造成算力负担。

为了选择系统需要的跟车目标，首先要对本车与潜在目标车辆的横向位置，以及通过测量本车状态预测的行驶路线进行比较分析。然后在每一次识别循环中分析潜在目标车辆行驶到本车道上的概率，如果潜在目标车辆具备行驶到本车道的最高概率，就将其选为目标。由于现有雷达技术无法对所有物体类别进行识别（如行车道上的固体垃圾或者静止车辆），因此为避免识别错误带来的危险，如今的 ACC 系统不对静态目标进行识别与选择，只分析前方的运动物体。目标选择的步骤如图 6-2-9 所示。

路线预测对于潜在目标车辆的分类十分重要。在图 6-2-10 中，左侧车道的 ACC 车辆在转弯时识别到前方有 3 个物体，在它所处车道前的车辆是物体 3，这是希望跟随的车辆，但如果按照直线行驶，将错误地将右侧车道上距离较近的物体 2 设定为跟随目标，因此 ACC 系统将执行不希望的降低速度等操作。想要解决上述示例中的问题，需要进行弯道预测，而弯道预测的根本是弯道情况下曲率的计算，这是保证 ACC 系统正常工作的前提。

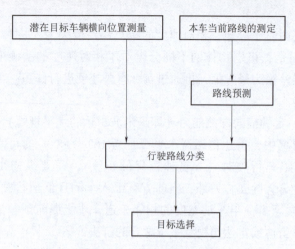

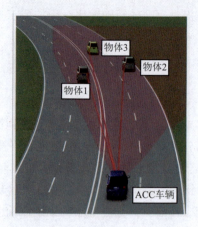

图 6-2-9　目标选择的步骤　　　图 6-2-10　目标车辆分类示例

如今主流的描述当前车辆路线曲率的方法是依托车辆稳定性控制系统实现的，有以下4种计算方法。

（1）通过方向盘转角计算曲率（K_s），即

$$K_s = \frac{\delta_H}{i_{sg}l\left(1+\dfrac{v_x^2}{v_{char}^2}\right)} \tag{6-4}$$

式中，δ_H 为方向盘转角；i_{sg} 为传动比；l 为轴距；v_x 为行驶速度；v_{char} 为特征车速。

（2）通过横摆角速度计算曲率（K_Ψ），即

$$K_\Psi = \frac{\dot{\Psi}}{v_x} \tag{6-5}$$

式中，$\dot{\Psi}$ 为横摆角速度。

（3）通过横向加速度计算曲率（K_{a_y}），即

$$K_{a_y} = \frac{a_y}{v_x^2} \tag{6-6}$$

式中，a_y 为横向加速度。

（4）通过车轮速度计算曲率（K_v），即

$$K_v = \frac{\Delta v}{v_x b} \tag{6-7}$$

式中，b 为轮距。

如表 6-2-2 所示，通过横摆角速度计算曲率是最合适的，在实际应用中，可综合使用多种计算方法。在复杂道路情况路段（如弯道较多的高速公路），上述测定计算方法可能导致 ACC 系统做出错误的目标选择，从而需要在一定距离外对弯道进行预先确认。随着摄像头在车辆上的大量应用，可以采用基于视觉传感器的车道线检测来解决此类问题。

表 6-2-2 确定曲率的几种方法的比较

	K_s	K_Ψ	K_{a_y}	K_v
对侧风的稳固性	--	+	+	+
对道路弯曲度的稳固性	--	+	--	+
对车轮弧度容差的稳固性	0	+	+	-
低速下的测量灵敏度	++	0	--	-
高速下的测量灵敏度	-	0	++	-
偏移	+	--	--	+

针对 ACC 系统目标识别与选择的要求，国内外汽车制造商以及研究人员进行了广泛的研究，提出了多种有效的辨识模型，以下分别介绍道路曲率简化模型和道路回旋曲线简化模型。

1）道路曲率简化模型

模型假设 ACC 系统运行时以车道线为参考，将判定前方行车是否在本车所处车道的依据转化为前方行车相对于车道线的距离。因为道路情况复杂多变，大多学者将研究对象分为直道和弯道两个路段进行位置分析，而该模型将直道路段视为曲率半径无限大的弯道路段，从而使道路模型简化。以右转弯路段为例，建立目标的识别与选择模型，车辆间的相对位置关系如图 6-2-11 所示。ACC 车辆（以下简称本车）位于左侧车道，目标车位于本车右侧车道，其车尾中点 B 与本车车头中点 A 的连线线段长度为 r；AB 与本车轴线的夹角为 α；d_L 为本车左轮廓线与车道线的横向距离；d_R 为本车右轮廓线与车道线的横向距离；R_0 与 R_T 分别为本车和目标车的行车路线的曲率半径；D 为本车和目标车在行驶过程中垂直于车道线的横向距离；W 为车道的宽度。

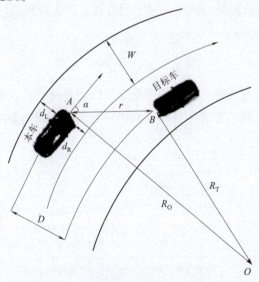

图 6-2-11 车辆间的相对位置关系

模型进行目标识别与选择时的参考依据是目标车的车尾中点是否处于本车所处车道内。因此，基于上述模型，利用雷达传感器和摄像头可进行 ACC 目标识别与选择。当目标车位于相同车道时，ACC 系统根据预置算法对车速进行调节，而如果没有希望跟随目标车，则根据设定车速续航。

2）道路回旋曲线简化模型

在弯道情况下，ACC 系统可能将相邻车道的车辆错误判断为本车道目标或者目标丢失等情况，因此需要对雷达传感器探测的横向相对距离进行补偿，从而抵消弯道曲率的影响。如今，为了解决曲率转弯的问题，国内外研究人员已提出多种有效的识别选择算法，大多采用基准圆心角准则。但是，实际应用中回旋曲线弯道大量应用在道路规划中，相比于定曲率弯道更为常见。因此，该模型主要解决回旋曲线弯道中潜在目标车的识别与选择问题。如图 6-2-12 所示，道路回旋曲线简化模型的方程式为

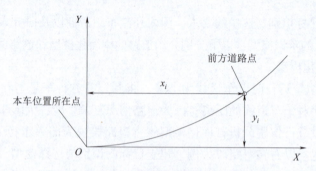

图 6-2-12　道路回旋曲线简化模型

$$c(x_i) = c_0 + c_1 x_i \qquad (6-8)$$

式中，c_0 为本车位置所在点的道路曲率；c_1 为道路曲率随着位移的修正系数；x_i 为前方道路点到本车位置所在点的距离。

根据式（6-8）的道路回旋曲线简化模型的方程，可大致得到前方道路点与本车位置所在点的横向距离，即

$$y_i = \frac{1}{2} c_0 x_i^2 + \frac{1}{6} c_1 x_i^3 \qquad (6-9)$$

由此可知，在已知本车位置所在点的道路曲率以及变化率后，可通过式（6-9）得到弯道横向补偿距离，从而实现前方潜在目标车的识别与选择。该模型的目标识别算法实现步骤如图 6-2-13 所示。

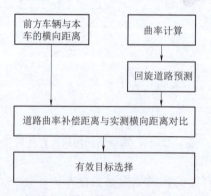

图 6-2-13　回旋曲线简化模型的目标识别算法实现步骤

由上文所述，综合对侧风稳固性、道路弯曲度稳固性以及高低速下测量灵敏度等因素影响，由横摆角速度计算当前道路曲率最合适。因此，选用该方法计算本车所处位置瞬时曲率 c_0，即

$$c_0 = \frac{\omega}{v} \tag{6-10}$$

对于道路曲率随行车距离变化率的计算，利用本车行驶轨迹数据点，通过以下方程式计算获得，即

$$c_1 = \frac{dc_0}{d_x} \tag{6-11}$$

由于数据噪声干扰影响，仅利用式（6-10）计算瞬时曲率，数据会出现较大波动，误差较大。因此，利用拟合本车行驶轨迹数据点 $(x_i, c(x_i))$ 对其进行改进。通过拟合的方法提高瞬时曲率计算值的准确度，同时减少实时数据点采集的数量。拟合方法为利用最小二乘法按照式（6-8）对当前时刻到本车前 0.5 s 时刻内的 n_c 个数据点 $(x_i, c(x_i))$ 进行拟合，得到式（6-12）。数学处理过程中通过不断更新测量数据点来减小误差累计。拟合过程中，根据雷达传感器采样频率，数据点数量 n_c 取 40。

$$c(x_i)^* = c_0^* + c_1^* \cdot x_i \tag{6-12}$$

式中，c_0^*、c_1^* 为道路曲率拟合方程修正系数。

以本车向左转弯为例，建立目标识别与选择模型，如图 6-2-14 所示。其中，d_y 为目标的横向相对距离，d_x 为纵向相对距离，均由雷达传感器测得。

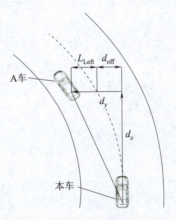

图 6-2-14　左弯道道路车辆关系辨识模型

通过式（6-9）、式（6-10）以及式（6-12）可得到 A 车位置所在点的弯道补偿距离 d_{off}，即

$$d_{off} = \frac{1}{2} c_0 d_x^2 + \frac{1}{6} c_1^* d_x^3 \tag{6-13}$$

因此，A 车位置所在点与本车道路中心的距离 L_{Left} 可表示为

$$L_{Left} = |d_y + d_{off}| \tag{6-14}$$

若 L_{Left} 满足下列判别条件，则可认为 A 车与本车处于同一车道内，否则，判定 A 车为

邻车道内车辆

$$L_{\text{Left}} \leqslant k_{\text{la}} \tag{6-15}$$

式中，k_{la} 代表判断标准，与直道情况下相同，均取 2 m。

 任务实施

实训　实车毫米波雷达应用

一、任务准备

1. 场地设施

智能网联汽车 1 辆。

2. 学生组织

分组进行，在智能网联汽车测试场地进行实训。实训内容如表 6-2-3 所示。

表 6-2-3　实训内容

时间	任务	操作对象
0~10 min	组织学生讨论毫米波雷达在智能网联汽车中的应用	教师
11~30 min	实车毫米波雷达应用实操	学生
31~40 min	教师点评和讨论	教师

二、任务实施

1. 开展实训任务

（1）打开 home 文件夹下的 catkin_radar 文件夹。

启动 radar，右击启动一个终端，输入以下命令。

```
source devel_isolated/setup.bash
```

按 Enter 键，再输入以下命令。

```
roslaunch frontal_delphi_radar.launch
```

再按 Enter 键。

（2）启动 fcw 节点，打开 home 文件夹下的 catkin_fcw 文件夹。

右击启动一个终端，输入以下命令。

```
source devel/setup.bash
```

按 Enter 键，再输入以下命令。

```
roslaunch fcw_aeb.launch
```

再按 Enter 键。

（3）在车辆毫米波雷达前一段距离放上一个物品，查看终端显示的距离；变更距离，查看终端显示的距离，如图 6-2-15 所示。

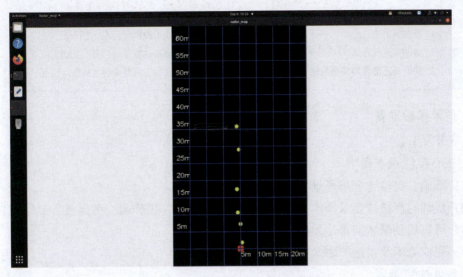

图 6-2-15　毫米波雷达距离显示界面

2. 检查实训任务

单人实操后完成实训工单（见表 6-2-4），请提交给指导教师，现场完成后教师给予点评，作为本次实训的成绩计入学时。

表 6-2-4　实车毫米波雷达应用实训工单

实训任务					
实训场地		实训学时		实训日期	
实训班级		实训组别		实训教师	
学生姓名		学生学号		学生成绩	
实训准备	实训场地准备				
	1. 清理实训场地杂物（□是　□否）				
	2. 检查道路封闭情况（□是　□否）				
	防护用品准备				
	1. 检查并佩戴劳保手套（□是　□否）				
	2. 检查并穿戴工作服（□是　□否）				
	3. 检查并穿戴劳保鞋（□是　□否）				
	车辆、设备、工具准备				
	智能网联小车 （1）检查遥控器和小车电量（□是　□否） （2）检查联网情况（□是　□否） （3）检查传感器工作情况（□是　□否） （4）检查急停开关工作情况（□是　□否） （5）环绕车身一周做外观检查（□是　□否）				

实训过程	操作步骤	考核要点
	1. 工控机上电	1. 正确启动工控机（□是　□否）
	2. 启动雷达程序	2. 正确启动雷达程序（□是　□否）
	3. 获取雷达测量障碍物数据	3. 正确获取雷达测量障碍物数据（□是　□否）

3. 技术参数准备

以本书为主。

4. 核心技能点准备

（1）准确、完整地分析场景要素。

（2）实训时严格按要求操作，并穿戴相应防护用品（工作服、劳保鞋、劳保手套等）。

（3）可以启动毫米波雷达程序。

（4）完成毫米波雷达测距操作。

5. 作业注意事项

（1）不允许使用插线板插接随车充电设备。

（2）实训时严格按工艺要求操作，并穿戴相应防护用品（工作服、劳保鞋、劳保手套等），不准赤脚或穿拖鞋、高跟鞋和裙子作业，留长发者要戴工作帽。

任务评价

任务完成后填写任务评价表6-2-5。

表6-2-5　任务评价表

序号	评分项	得分条件	分值	评分要求	得分	自评	互评	师评
1	安全/7S/态度	作业安全、作业区7S、个人工作态度	15	未完成1项扣1~3分，扣分不得超15分		□熟练 □不熟练	□熟练 □不熟练	□合格 □不合格
2	专业技能能力	清理实训场地杂物	5	未完成1项扣1~5分，扣分不得超35分		□熟练 □不熟练	□熟练 □不熟练	□合格 □不合格
		检查道路封闭情况	5					
		正确检查并佩戴劳保手套	5					
		正确检查并穿戴工作服	5					
		正确检查并穿戴劳保鞋	5					
		正确启动雷达程序	10					
3	工具及设备使用能力	智能网联小车	20	未完成1项扣1~5分，扣分不得超20分		□熟练 □不熟练	□熟练 □不熟练	□合格 □不合格
4	资料、信息查询能力	其他资料信息检索与查询能力	10	未完成1项扣1~5分，扣分不得超10分		□熟练 □不熟练	□熟练 □不熟练	□合格 □不合格
5	数据判断和分析能力	正确获取雷达测量障碍物数据	10	未完成1项扣1~5分，扣分不得超10分		□熟练 □不熟练	□熟练 □不熟练	□合格 □不合格

续表

序号	评分项	得分条件	分值	评分要求	得分	自评	互评	师评
6	表单填写与报告撰写能力	实训工单填写	10	未完成 1 项扣 0.5～1 分，扣分不得超 10 分		□熟练 □不熟练	□熟练 □不熟练	□合格 □不合格
总分：								

试题训练

一、判断题

1. 汽车 ACC 系统主要由控制单元、执行单元、信息感知单元和人机交互界面组成。（　　）

2. 发动机（或电动机）控制器可以改变发动机（或电动机）的输出动力，使车辆加速或减速。（　　）

3. 车载传感器包括距离传感器、车速传感器以及节气门位置传感器等。（　　）

4. 车速传感器主要安装在汽车前部，以获得车速信息。（　　）

5. 在汽车转弯时需要 ACC 系统具备一定的横向探测能力（即毫米波雷达的水平视野）。（　　）

二、选择题

1. ACC 系统主要由（　　）、（　　）和（　　）组成。

A. 控制单元　　　　　　　　　　B. 避障单元

C. 信息感知单元　　　　　　　　D. 人机交互界面

2. 控制单元的 ECU 处理来自（　　）的信息和人机交互界面的驾驶员指令，然后输出到执行单元执行并反馈给人机交互界面。

A. 控制单元　　　　　　　　　　B. 避障单元

C. 信息感知单元　　　　　　　　D. 人机交互界面

3. 毫米波雷达测距使用脉冲多普勒原理，发射器会短时间间隔运行，称为（　　）。

A. 脉冲重复间隔　　　　　　　　B. FMCW

C. 载波技术　　　　　　　　　　D. 数字波束

4. （　　）通过构建光学几何模型（小孔成像），依据相似原理估测前方物体的距离。

A. 单目摄像头　　B. 双目摄像头　　C. 三目摄像头　　D. 多目摄像头

5. 通过（　　）计算曲率是最合适的。

A. 几何形状　　　B. 数值差分　　　C. 路径点曲率　　D. 横摆角速度

三、简答题

ACC 系统有哪些模块？它们的作用是什么？

学习任务三　自适应巡航控制系统实例应用

📖 任务描述

ACC 系统在高速公路上应用时，通过车载雷达和摄像头实时监测前方车辆，自动调节车速以保持安全距离。驾驶员设定目标车速后，ACC 系统会自动减速或加速，以应对前方车辆的变化。具体操作包括系统监测前车的速度和距离，当前车减速或停下时，ACC 系统会自动调整车速，保持设定的安全距离；当道路畅通时，系统会恢复到设定的目标车速。虽然 ACC 系统提升了驾驶舒适性和安全性，但驾驶员仍需保持警惕，随时准备进行手动干预，确保在复杂或紧急情况下的驾驶安全。那么，作为一个智能驾驶系统维护工程师，如何测试 ACC 系统，并根据测试数据判定 ACC 系统是否正常？

📖 任务目标

知识目标

1. 掌握 ACC 系统的控制结构。
2. 熟悉 ACC 系统的间距控制策略。
3. 了解 ACC 系统的控制算法。
4. 了解跟车模式模型预测控制算法。

技能目标

1. 掌握 ACC 系统启动方法。
2. 掌握 ACC 系统速度曲线读取的方法。

素质目标

1. 规范课堂 7S 管理。
2. 提升团队协作素养。
3. 养成独立思考问题、主动开展工作的习惯。
4. 形成规范、安全作业的职业操守。

📖 任务导入

了解 ACC 系统的核心组成部分、关键技术和功能对理解其在提高驾驶安全性、舒适性和效率方面的意义至关重要。首先，ACC 系统可以有效地减少驾驶疲劳，提升长途驾驶的舒适性。其次，通过自动调节车辆的速度和跟车距离，ACC 系统可以降低交通事故的风险，提高道路安全性。此外，该系统还有助于优化车辆的燃油利用率，降低尾气排放，从而减少对环境的不良影响。

随着自动驾驶技术的不断发展，ACC 系统也在不断发展和改进。未来，可以期待更智能、更可靠的 ACC 系统，它们可能会集成更先进的传感器技术，如激光雷达和高清摄像头，以提高环境感知能力。此外，随着人工智能和机器学习的进步，ACC 系统可能会更加智能化，能够更好地适应复杂的交通环境和驾驶偏好，并实现更精准的车辆控制。因此，对 ACC 系统的理解和研究将继续推动汽车技术的发展，为未来智能交通系统的建设和普及奠定基础。

知识准备

一、汽车 ACC 系统的控制结构

汽车 ACC 系统的控制结构主要分为两种：直接式控制和分层式控制。直接式控制采用集成式控制器，同时处理来自雷达和各种传感器的数据，并输出对节气门和制动器等执行单元的调节指令。分层式控制将控制与调节步骤分为多层，上层控制器通过分析传感器传回的数据确定期望的控制状态；下层控制器接受上层输出的期望状态信号，通过调节动力和制动执行单元，使本车按照设定状态行驶。现有 ACC 系统大多采用分层式控制结构，燃油汽车与电动汽车的分层控制结构略有不同。

燃油汽车 ACC 系统的控制结构如图 6-3-1 所示，它分为双层控制：第一层根据雷达、车速和加速度传感器信号控制车速及加速度，获得期望车速和期望加速度信号；第二层接收第一层信号的输入，对驱动系统控制和制动系统控制进行调节，输出节气门开度和制动压力指令，从而控制发动机和液压制动装置。

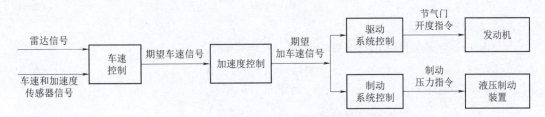

图 6-3-1　燃油汽车 ACC 系统的控制结构

电动汽车 ACC 系统的控制结构如图 6-3-2 所示，它分为三层控制：第一层根据雷达、车速和加速度传感器信号控制加速度及转矩，获得期望加速度与期望转矩信号；第二层对第一层输出的期望转矩信号进行分配，获得期望电动机驱动转矩、期望电动机制动力矩和期望液压制动力矩；第三层接收第二层信号协调驱动系统控制和制动系统控制，输出电动机驱动转矩指令、电动机制动力矩指令和液压制动力矩指令，分别控制驱动电动机和液压制动装置。

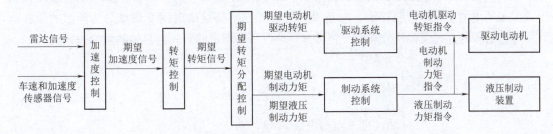

图 6-3-2　电动汽车 ACC 系统的控制结构

二、汽车 ACC 系统的间距控制策略

汽车 ACC 系统的间距是指跟车过程中与前车保持的安全间隔距离，设置合理的间距既能保证 ACC 系统运行过程中主车的安全，同时合理的间距有利于提高道路的利用率和通行能力。在 ACC 系统的控制算法中，间距也常作为输入变量，在上层控制结构中计算期望速度和间距。

在 ACC 系统的研究中，通常定义物理量车头时距 τ，计算式为

$$\tau = \frac{c}{v} \tag{6-16}$$

式中，c 为标准间距；v 为主车当前车速；τ 为主车和跟车目标的前端通过同一地点的时间差。目前，间距控制策略分为两类，即固定时距和可变时距。

固定时距策略采用固定时距计算期望间距，计算式为

$$d = \tau v + d_0 \tag{6-17}$$

式中，d 为期望间距；d_0 为最小间距。

在固定时距策略中，当车速确定时，间距为常数，不随行车环境的改变而变化，该策略结构简单且计算量小，在早期汽车 ACC 系统中得到大量应用。但是固定时距策略考虑的安全因素少，面对突发情况时鲁棒性差，因此引入了根据行车环境和车速实时变化的可变时距策略。

可变间距策略依据考虑的安全因素不同，会得到不同的时距计算式。目前通常考虑时距与主车车速成正比关系，得到的计算式为

$$\tau = a + bv \tag{6-18}$$

式中，a、b 为修正系数。

当考虑主车与跟车目标相对速度影响时，表达式如下：

$$\tau = \tau_0 - a\ (v_p - v) \tag{6-19}$$

式中，τ_0 为初始时距；a 为修正系数；v_p 为跟车目标车速。

三、汽车 ACC 系统的控制算法

ACC 系统的控制算法是系统正常运行的基础，目前 ACC 系统的控制算法主要有 PID 控制算法、模糊控制算法、最优控制算法、模型预测控制算法、神经网络控制算法、稳态预瞄动态校正控制算法和滑模控制算法等，以及结合多种算法的融合算法。

1. PID 控制算法

PID 控制算法以其理论成熟、设计结构简单、超调量小并且对硬件要求低的优点，广泛应用于控制领域，早期的定速巡航系统便是由 PID 控制算法实现的。目前，ACC 系统速度控制模式大多采用增量 PID 控制算法。增量 PID 控制算法将连续的时间变量细分为离散的采样时间，通过求和的方式代替积分环节，将微分环节改写为增量的形式，具体的数学表达式为

$$\begin{cases} t = KT \\ \int_0^t \left[r(t) - c(t) \right] \approx T \sum_{j=0}^{k} \int_0^t \left[r(j) - c(j) \right] \\ \dfrac{\mathrm{d}\left[r(t) - c(t) \right]}{\mathrm{d}t} \approx \dfrac{e(k) - e(k-1)}{T} \end{cases} \tag{6-20}$$

式中，T 为采样周期；K 为采样次数；k 为采样序号。

2. 模糊控制算法

模糊控制算法通常用于解决难以建立具体数学模型的复杂系统，将确定的数值变成模糊量，通过模拟人的逻辑思维方式对模糊量进行推理判断，最后将判断结果转换为系统能够处理的数值。以上过程为模糊控制算法的三个组成部分，即模糊化、模糊推理和反模糊化，典型的模糊控制结构如图 6-3-3 所示。目前，模糊控制算法通常用于 ACC 系统上层控制设计，通过对距离、加速度差值等模糊化处理，能较好地控制汽车的节气门开度和制动力矩。

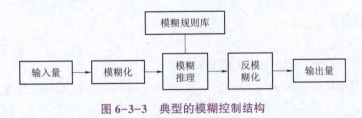

图 6-3-3　典型的模糊控制结构

3. 最优控制算法

最优控制算法和传统控制算法一致，均针对动态系统设计控制器，区别在于最优控制算法会定义一个目标函数来定量描述控制器的性能，常用的最优控制算法分为直接法（离散化处理）和间接法（无限空间求解）。最优控制算法需要建立精准的被控系统模型，并且经典最优控制是开环控制，难以抵抗外界干扰，鲁棒性较差。目前，最优控制算法在相关研究中用于 ACC 控制结构的上层控制。

4. 模型预测控制算法

模型预测控制算法实质是最优控制算法的实时化，它将基于长时间跨度的最优控制问题，转化为分解后的若干更短时间跨度的问题。模型预测控制算法依据的不是具体的实际模型，而是用于预测的数学模型，因此，它可以用于控制不易建模的复杂系统。模型预测控制算法有三个步骤：建立预测模型、滚动优化和反馈校正。由于模型预测控制算法拥有更强的抗干扰能力和复杂系统应对性，因此在相关研究中，它能更好地控制加速度等参数，提高 ACC 系统的稳定性。

 任务实施

实训　自适应巡航系统实车跟车（中型车）

一、任务准备

1. 场地设施

智能网联小车 3 辆，卫星信号接收良好的空旷场地。

2. 学生组织

分组进行，在智能网联汽车测试场地进行实训。实训内容如表 6-3-1 所示。

表 6-3-1　实训内容

时间	任务	操作对象
0~10 min	组织学生讨论智能网联汽车如何实现跟车	教师
11~30 min	ACC 系统实车跟车（中型车）实操	学生
31~40 min	教师点评和讨论	教师

二、任务实施

1. 开展实训任务

（1）工控机上电。

（2）配置文件检查（设置为编队模型）。

修改文件 $HOME/autonomous/config/msg_converter.yaml，核实部分配置如下。

```
## to local path proto
path_plan_to_local_path: true
local_roadnet_to_local_path: false
## copycat path to ...
copycat_to_local_path: false
copycat_to_topology_global_path: true
```

（3）启动编队无人驾驶。

进入每辆车的桌面，打开终端，在终端输入指令：bash start_formation.sh，等到每辆车都弹出指控界面，如图 6-3-4 所示。

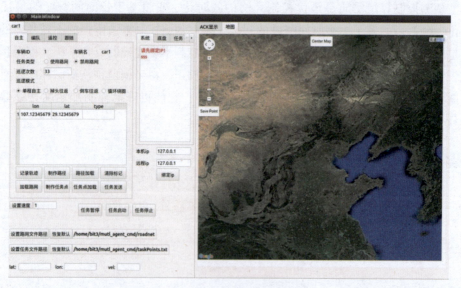

图 6-3-4　指控界面

（4）无人驾驶任务下发。

①绑定 IP，滚动鼠标滚轮，放大右侧地图，直至分辨率到最大，此时在右侧地图中可

以看到代表当前位置的红色箭头。

②任务类型选中"禁用路网"单选按钮。

③巡逻模式根据演示内容进行选择。

④单击"制作路径"按钮。

⑤在红色箭头（代表当前位置）前方单击选点，第一个点的位置距离箭头大概两个光标的距离，然后其余点的间隔大概是三个光标的距离。如果是循环绕圈，则最后一个点在箭头后两个光标的距离。

⑥在右侧地图处右击，选择"保存"选项。

⑦单击"路径加载"按钮。

⑧单击"任务发送"按钮。

⑨此时确认遥控器为遥控状态。

⑩单击"任务启动"按钮，切换无人驾驶。

只需要对前车进行无人驾驶任务下发即可，跟随车不需要操作。

（5）智能网联小车速度数据获取。

在每辆智能网联小车任务下发前，打开终端，输入如下命令。

```
rosbag record/insvelocity
```

得到录制车辆各个方向速度的 bag 包。

输入如下命令。

```
rostopic echo -b yourbag.bag -p/insvelocity > v_ori.txt
```

即可得到带有速度的 txt 文件。

2. 检查实训任务

单人实操后完成实训工单（见表 6-3-2），请提交给指导教师，现场完成后教师给予点评，作为本次实训的成绩计入学时。

表 6-3-2　自适应巡航系统实车跟车（中型车）实训工单

实训任务					
实训场地		实训学时		实训日期	
实训班级		实训组别		实训教师	
学生姓名		学生学号		学生成绩	
实训准备	实训场地准备				
	1. 清理实训场地杂物（□是　□否） 2. 检查道路封闭情况（□是　□否）				
	防护用品准备				
	1. 检查并佩戴劳保手套（□是　□否） 2. 检查并穿戴工作服（□是　□否） 3. 检查并穿戴劳保鞋（□是　□否）				

续表

实训准备	车辆、设备、工具准备	
	智能网联小车 （1）检查遥控器和小车电量（□是　□否） （2）检查联网情况（□是　□否） （3）检查传感器工作情况（□是　□否） （4）检查急停开关工作情况（□是　□否） （5）环绕车身一周做外观检查（□是　□否）	

实训过程	操作步骤	考核要点
	1. 工控机上电 2. 修改配置文件 3. 启动编队无人驾驶终端 4. 无人驾驶任务下发 5. 读取前车和跟随车的速度和加速度曲线	1. 正确启动工控机（□是　□否） 2. 正确配置文件（□是　□否） 3. 正确启动编队无人驾驶终端（□是　□否） 4. 正确下发无人驾驶任务（□是　□否） 5. 列出前车和跟随车的速度曲线，判定跟随车 ACC 功能是否正常 　（1）速度曲线是否列出（□是　□否） 　（2）ACC 功能是否正常（□是　□否）

3. 技术参数准备

以本书为主。

4. 核心技能点准备

（1）实训时严格按要求操作，并穿戴相应防护用品（工作服、劳保鞋、劳保手套等）。

（2）将前车启动，按照动态轨迹测试实训启动。

（3）跟随车启动编队无人驾驶模式。

5. 作业注意事项

（1）不允许使用插线板插接随车充电设备。

（2）实训时严格按工艺要求操作，并穿戴相应防护用品（工作服、劳保鞋、劳保手套等），不准赤脚或穿拖鞋、高跟鞋和裙子作业，留长发者要戴工作帽。

任务评价

任务完成后填写任务评价表 6-3-3。

表 6-3-3　任务评价表

序号	评分项	得分条件	分值	评分要求	得分	自评	互评	师评
1	安全/7S/态度	作业安全、作业区 7S、个人工作态度	15	未完成 1 项扣 1~3 分，扣分不得超 15 分		□熟练 □不熟练	□熟练 □不熟练	□合格 □不合格

续表

序号	评分项	得分条件	分值	评分要求	得分	自评	互评	师评
2	专业技能能力	清理实训场地杂物	5	未完成1项扣1~5分，扣分不得超35分		□熟练 □不熟练	□熟练 □不熟练	□合格 □不合格
		检查道路封闭情况	5					
		正确检查并佩戴劳保手套	5					
		正确检查并穿戴工作服	5					
		正确检查并穿戴劳保鞋	5					
		正确启动头车	5					
		正确下发无人驾驶任务	5					
3	工具及设备使用能力	测量设备	10	未完成1项扣1~5分，扣分不得超10分		□熟练 □不熟练	□熟练 □不熟练	□合格 □不合格
		智能网联小车	10	未完成1项扣1~5分，扣分不得超10分		□熟练 □不熟练	□熟练 □不熟练	□合格 □不合格
4	资料、信息查询能力	其他资料信息检索与查询能力	10	未完成1项扣1~5分，扣分不得超10分		□熟练 □不熟练	□熟练 □不熟练	□合格 □不合格
5	数据判断和分析能力	正确获取速度曲线	10	未完成1项扣1~5分，扣分不得超10分		□熟练 □不熟练	□熟练 □不熟练	□合格 □不合格
6	表单填写与报告撰写能力	实训工单填写	10	未完成1项扣0.5~1分，扣分不得超10分		□熟练 □不熟练	□熟练 □不熟练	□合格 □不合格
总分：								

试题训练

一、判断题

1. 汽车ACC系统的控制结构主要分为两种，直接式控制和分层式控制。（　　）

2. 现有ACC系统大多采用直接式控制结构。（　　）

3. 目前ACC系统的控制算法主要有PID控制算法、模糊控制算法、最优控制算法、模型预测控制算法、神经网络控制算法、稳态预瞄动态校正控制算法和滑模控制算法，以及结合多种算法的融合算法。（　　）

4. 模糊控制算法通常用于解决难以建立具体数学模型的复杂系统，将确定的数值变成模糊量。（　　）

5. 经典最优控制是闭环控制，可以抵抗外界干扰，鲁棒性较强。（　　）

二、选择题

1. （　　）以其理论成熟、设计结构简单、超调量小并且对硬件要求低的优点，广泛应用于控制领域。

A. PID控制算法　　　　　　　　　B. 最优控制算法

C. 模型预测控制算法　　　　　　　D. 神经网络控制算法

2. 汽车 ACC 系统的间距是指跟车过程中与（　　）保持的安全间隔距离，设置合理的间距既能保证 ACC 系统运行过程中主车的安全。

A. 前车　　　　　　　B. 后车　　　　　　　C. 左车　　　　　　　D. 右车

3. （　　）不是模型预测控制算法的步骤。

A. 建立预测模型　　　B. 滚动优化　　　　　C. 反馈校正　　　　　D. 最优化控制

4. 电动汽车 ACC 系统的控制结构分为三层控制。（　　）是根据雷达、车速和加速度传感器信号控制加速度及转矩，获得期望加速度与期望转矩信号。

A. 第一层　　　　　　B. 第二层　　　　　　C. 第三层　　　　　　D. 都不是

5. 在（　　）中，当车速确定时，间距为常数，不随行车环境的改变而变化。

A. 基于模型控制　　　　　　　　　　　　B. 固定时距策略

C. 模型预测控制　　　　　　　　　　　　D. 可变间距策略

三、简答题

ACC 系统间距控制策略有哪些，它们是如何实现的？